DISSERTATION

SUR UNE.

COLONIE

EGYPTIENNE,

ETABLIE

AUX INDES.

PAR

Mr. Fred. Sam. Schmidt,

Correſpondant de l'Académie R. des Inſcriptions & Belles
Lettres de PARIS, Membre de la Societé des
Antiquaires de LONDRES.

A BERNE,

Aux Dépens de la SOCIETE LITTERAIRE.

DISSERTATION

SUR UNE

COLONIE

EGYPTIENNE,

Etablie aux Indes.

      „ O SIRIS, dit DIODORE *de Sicile*,
„ traverſa l'Arabie le long de la
„ Mer Rouge, & continua ſa
„ route juſqu'aux Indes & aux
„ extrémités de la terre. Il bâtit dans les
„ Indes de grandes villes, & entr'autres
„ Nyſa, à la quelle il donna ce nom en mé-
„ moire de la ville d'Egypte où il étoit né.
„ C'eſt-là qu'il planta le Lierre, qui n'eſt
„ demeuré & qui ne croit encore aujour-
„ d'hui dans les Indes, qu'aux environs de
„ cette ville. Il s'y exerça auſſi à la chaſ-
„ ſe des Eléphans. Enfin OSIRIS fît dreſ-

A 2

„ ſer

„ fer des Colonnes pour faire reſſouvenir
„ ces peuples des choſes, qu'il leur avoit
„ enſeignées, & il laiſſa pluſieurs autres
„ marques de ſon paſſage, favorable dans
„ cette contrée; de ſorte, que les In-
„ diens, qui le regardent comme un Dieu,
„ prétendent qu'il eſt originaire de leur
„ pays. „ (a)

CES voyages d'OSIRIS ſont préciſément les mémes, que BACHUS a fait aux Indes. Les anciens Auteurs nous aprennent unanimément, que BACHUS chez les Grecs eſt l'OSIRIS des Egyptiens (b) : & les attributs de ces deux Divinités, qui ſont, à quelque changement près, les mémes dans les monumens de la plus haute Antiquité, ne laiſſent aucun doute ſur l'origine Egyptienne de BACHUS.

IL eſt plus important qu'on ne penſe, de rechercher, dans quel ſens les voyages d'OSIRIS doivent être entendus. Faut-il
fuivre

(a) Edition de WESSELING Tom. I. p. 23. Traduction de M. l'Abbé TERRASSON. I. p. 39.
(b) HERODOTE liv. 2. ch. 42.

fuivre le fiftème de D I O D O R E *de Sicile;* *que les Dieux des Anciens ont été des Rois* *vertueux, deïfiés après leur mort?* ces voyages alors doivent étre expliqués à la lettre, & ne fouffrent aucune difficulté; non plus, que les ingénieufes hypothéfes de Mrs. B O- C H A R T, H U E T, F O U R M O N T, C O U M- B E R L A N D, C L A Y T O N & autres illuftres Sçavans, qui ont avancé, *que les Dieux des* *Anciens étoient des Héros, dont l'Ecriture-* *Sainte fait mention, divinifés & adorés dans* *la fuite parmi les différens peuples de l'An-* *tiquité.*

M A I S, fi, comme l'affure H E R O D O- T E (*a*) & d'autres anciens Auteurs, *jamais* *mortel n'a été mis au nombre des Dieux par* *les Egyptiens,* d'où l'on fait que l'idolatrie a paffé aux Etrufques, aux Grecs & aux Romains; fi felon le témoignage des mêmes Auteurs O S I R I S ou B A C H U S *l'ancien,* *eft le Soleil, & que dans un autre fens il eft* *le Nil,* (*b*) fi l'on fait encore attention qu'il

A 3

eft

(*a*) Liv. 2. ch. 50. & 142.

(*b*) M A C R O B E S A T U R N. 1. ch. 21. P L U T A R- Q U E de Ifide 363.

eſt très - probable , que la Mythologie ancienne eſt preſque toute aſtronomique & phyſique ; c'eſt alors qu'on ſentira les difficultés, qu'il y a d'expliquer les voyages attribués à ces Dieux : car les nier abſolument, les croire faux & ſans aucun fondement, ce ſeroit avoir trop peu d'égards pour les Auteurs de la docte Antiquité.

Je crois donc, que les voyages d'Osiris n'ont trait, qu'à une Colonie Egyptienne établie aux Indes ; ſoit, qu'on prétende, que cesvoyages ont été mis ſur le compte d'Osiris, parce que les Egyptiens, ſuivant en cela la coutume des Anciens, attribuérent l'heureux ſuccès de leur expédition à la protection de leur principale Divinité ; ſoit qu'on veuille, & c'eſt le ſentiment qui me paroit le plus probable, que le Culte d'Osiris & la renommée de ce Dieu euſſent été portés aux Indes par les Colonies Egyptiennes. C'eſt ſur ce fondement, que dans ma Diſſertation concernant les Thraces, j'ai expliqué les voyages de Bachus en Bœotiė , en Attique & en Thrace. Quant à ceux, que Diodore *de Sicile* attri-

attribue à OSIRIS, ils ne paroiffent étre autre chofe, que l'expédition de SESO-STRIS fi célébre dans l'Antiquité ; & je crois, que cet Auteur, qui fait mention de l'une & de l'autre, a eu tort de les diftinguer & de les féparer. OSIRIS & SESO-STRIS fuivent partout la méme route ; le même bonheur & les mêmes circonftances les accompagnent. Sortant d'Egypte, ils vont jufques aux Indes par la Mer Rouge, qui dans ce paffage fignifie l'Océan Indien ; de-là ils viennent en Afie, & par l'Hellespont en Thrace & en Macédoine, où l'un & l'autre doivent avoir terminé leurs expéditions.

CETTE conformité d'actions & de circonftances n'a pas échappé au grand NEUTON, auffi a-t-il prétendu que SESOSTRIS & OSIRIS n'étoient qu'une feule & même perfonne. Sans adopter ici la totalité d'un fiftème, que Mrs. WARBURTON & FRERET (a) ont fi folidement refuté,

A 4

futé,

(a) M. MANN'S Dedic. to his Tract. of the years of the BIRTH and Death of Chrift.
Deffenfe de la Chronologie par M. FRERET p. 284.

futé, je crois qu'on ne peut pas nier, que les Conquêtes de SESOSTRIS n'ayent été attribuées à OSIRIS, & cela dans la perfuafion, qu'on en étoit redevable à l'affiftance de ce Dieu. Il fe pourroit auffi, qu'on eut donné à SESOSTRIS le nom d'OSIRIS, à caufe de la conformité des actions de ce Héros & de ce Dieu, quoique très-différens l'un de l'autre.

NE pourroit on pas encore avancer, qu'il y avoit autrefois un Roi Egyptien nommé OSIRIS ? nous favons, que les Rois de cette nation, comme ceux des Affyriens, ont fouvent porté les mêmes noms que leurs Dieux (a). Ce Roi OSIRIS aura pu faire aux Indes les voyages dont il s'agit, & dans la fuite on aura confondu le Roi OSIRIS avec la Divinité du même nom. Cette hypothéfe peut être d'une grande utilité, pour expliquer les faits hiftoriques attribués aux Dieux Egyptiens.

Qu'on

(a) DIODORE de Sicile dit des Egyptiens liv. I. Τινὰς μεν (Βασιλεῖς) ὁμονύμυς ὑπάρχειν τοῖς ὀυρανίοις.

Qu'on diſtingue apréſent, ſi l'on veut ces deux expéditions d'Osiris & de Se- sostris, & qu'on ſoutienne, que les Egyptiens ont fait deux différentes excurſions dans les Indes, je ne m'y oppoſerai point; je me borne à démontrer dans cette Diſſertation, qu'on trouve aux Indes des traces marquées d'une Colonie Egyptienne.

On ne ſauroit douter, que les Egyptiens, dans leurs expéditions & dans leurs navigations, n'ayent formé des Colonies. Se- sostris laiſſa partout des Egyptiens, & peupla, au rapport des Anciens, les pays par lesquels il paſſoit; mais, c'eſt principalement aux Indes que les Egyptiens ont laiſſé de leurs deſcendans.

Je le prouverai par les noms des Dieux, par ceux des Rois, par ceux des villes & de pluſieurs endroits des Indes, qui ſont Egyptiens, & par les coutumes religieuſes & civiles des Indiens, qui ont une affinité ſurprenante avec celles des Egyptiens.

Une ſeule de ces preuves ſuffiroit pour étab-

A 5

établir la vérité de ma conjecture; leur af-
femblage & leur réunion doivent donc produire la démonftration la plus certaine, qu'on
puiffe exiger fur un fait d'une antiquité fi
reculée.

L E s Egyptiens en arrivant aux Indes trou-
vérent ces contrées déjà peuplées. Ce fait
ne fauroit être contéfté; C'eft par les ar-
mes, que les Colons, qui établirent le Culte
d'O s i r i s, firent la conquête de ce pays.
De-là le retour de B a c h u s des Indes a
été appellé le Triomphe de ce Dieu; c'eft
ainfi, que les Anciens, en rapportant qu'O-
s i r i s ou B a c h u s tua en Thrace le Roi
L y c u r g u e, ont voulu nous apprendre,
que les Colons Egyptiens, qui fondérent le
Culte de B a c h u s, mirent à mort L i c u r-
g u e, dont ils conquirent le Royaume. S e-
s o s t r i s, qui eft probablement le conducteur de cette même Colonie attribuée à
O s i r i s, revient triomphant de fes voyages, après avoir fait élever dans les pays
conquis des Obélifques, pour perpétuer le
fouvenir de fes victoires; ces Obélifques, felon toute apparence ne font autre chofe,

que

que les Colonnes, qu'O s i r i s & B a c h u s, fuivant le témoignage des anciens , firent conftruire aux Indes.

L e s Indiens avoient une langue différente de celle des Egyptiens. Ceux-ci y introduifèrent la leur , & ce mélange de langages différens, ufité dans les Indes , a fait dire à un ancien, qui a voyagé dans ces contrées , que les hommes y avoient les langues fenduës dans leur longeur & doubles jufqu'à la racine (a), ces paroles métaphoriques fe rapportent à ce qu'H er o d o t e dit en termes propres, que les Indiens fe fervent de deux langages tout à fait différens.

L a langue des anciens Indiens a, autant qu'on en peut juger parce que nous en connoiffons, beaucoup de rapport avec le Perfan ancien & moderne. De cette vérité, que M. R e l a n d a très-bien prouvé

____

(a) D i o d. *de Sicile* L. 2. 326. Trad. Franç. & 168. 1. Ed. d e W e s s e l i n g. δίπτυχον - τὴν γλῶτται.

vé (a), on doit conclure, que les Perſans & les autres nations voiſines ſe ſont établies les prémieres aux Indes. Il ne faut donc pas exiger, que je rende raiſon par la langue Egyptienne, de tous les mots Indiens, que les anciens nous ont conſervés, puiſque, comme je viens de le dire, ils ſont Perſans, au moins pour la plus grande partie. Mais il ſuffira, pour appuyer ma conjecture, de trouver des noms des Dieux, des Rois & des Villes, qui ſoyent Egyptiens.

Comme il eſt de toute certitude, que c'eſt aux Egyptiens, que les Indiens ſont redevables de leurs religion, de leurs culte, & de leurs ſuperſtitions, il eſt très-naturel de demander d'abord le nom d'une Divinité Egyptienne dans les Indes.

Osiris étoit regardé, du tems de Diodore *de Sicile*, comme un Dieu des Indes, & il l'eſt encore aujourd'hui. Ces peuples adorent Isure, qui eſt l'Osi-

---

(a) Diſſertatio de Veteri lingua Indica.

l'O s i r i s des Egyptiens ; les anciens écrivent indifféremment O s i r i s & I s i r i s ; (*a*) c'eſt uniquement la différente prononciation de la Haute - & Baſſe - Egypte, qui forme cette diverſité.   Le ſimbole d'O s i r i s étoit, ſuivant P l u t a r q u e , *le Phallus*, qu'on repréſentoit comme une Croix avec un Anſe, & qu'on faiſoit voir aux fêtes nommées *Pamilitia*, comme une marque de la fécondité d'O s i r i s.   C'étoit auſſi une des principales cérémonies des fêtes de B a c h u s, & j'ai fait voir, d'après M. *de la* C r o z e (*b*), dans ma Diſſertation ſur les attributs des Dieux Egyptiens, que cette même infamie ſe pratiquoit encore aujourd'hui aux Indes, où le *Lingam*, qui eſt une Croix avec une Anſe, dénote *le Phallus* ſimbole de la fécondité, attribut familier & conſtant du Dieu I s u r e.

O n repréſente I s u r e avec trois yeux, dont un eſt au milieu du front ; c'eſt encore

(*a*) P l u t a r q u e & E u s e b e.

(*b*) Hiſtoire du Chriſtianiſme des Indes page 430. Edit. d'Hollande 1724.

core une imitation des Egyptiens, qui re-préfentent la Providence & le Gouverne-ment d'Osiris par un oeil & un fcep-tre (*a*). Le nom d'Osiris fignifie, fui-vant Diodore & Plutarque (*b*). une perfonne, qui a plufieurs yeux. M, *de la* Croze & le favant Jablonskj affurent, que la langue Cophte n'eft pas favorable à cette interprétation; cependant il me paroit, que le mot Osch, *multus*, & celui de Jor, *oculus & pupilla oculi*, fervent parfaitement à rendre raifon de cette Etymologie (*c*).

Remarquons ici, que lors même, que les anciens ont expliqué Osiris par *Multioculus*, ils n'ont pas prétendu que c'étoit

---

(*a*) Macrobe.

(*b*) Diodore L. 1. p. 23. Traduct. de M. l'Abbé Terrasson.

Plutarque de Iside 355. Πολυόφϑαλμον.

(*c*) *Ofch*, *Oufche*, multus, Verfion Cophte.

Pijorh Pupilla Oculi. Kircheri Scala 75.

Timet-iorh Confideratio rei adhibita exacta ocu-lorum acie. Ibid.

c'étoit effectivement de-là que ce Dieu avoit eu fon nom. Les Prêtres d'Egypte avoient la coutume finguliére d'expliquer chaque nom des Dieux Egyptiens de plufieurs façons différentes, qui toutes trouvoient dans leurs langue, auffi-bien que dans leurs réligion, une forte de fondement. De-là ce grand nombre d'explications diverfes, que les anciens nous ont confervés des noms d'Osiris, d'Isis & d'Ammon. Quoiqu'elles trouvent toutes leur fondement dans la langue Cophte, aucune d'entre elles n'eft cependant la véritable ; les anciens l'ont toujours foigneufement caché.

Ainsi, quand même Osiris pourroit fignifier *Multioculus*, il eft malgré cela très-probable, que ce nom doit être expliqué, fuivant ma conjecture, par *Author*, *Dator*, *Meffis*, *frumenti & omnis abundantiae Ægypti* (a).

La Royauté de plufieurs cantons des Indes appartenoit principalement aux defcendans

dans

(a) Differtation fur les Attributs d'Osiris, Isis, & Orus.

dans des Colons Egyptiens , comme au parti victorieux, au parti le plus fage & le plus politique. Aufli trouve-t-on plufieurs Rois Indiens , dont les noms font Egyptiens. J'aurai occafion de comparer dans la fuite MOERIS Roi Indien, avec MOERIS Egyptien , fondateur du lac, qui porte fon nom.

PORUS Roi Indien, fi connu par l'expédition d'ALEXANDRE le grand , eft un des defcendans des Egyptiens ; fon nom feul fuffit pour le prouver ; il eft le même que celui de PHERO ou PHARAO, qui eft le titre général des Rois Egyptiens, & des Rois Indiens, d'extraction Egyptienne. On n'a pas befoin , comme quelquesuns le croyent, d'avoir recours au mot PHARA Arabe, pour expliquer le nom de PHA-RAO ; puifque les Sçavans ont prouvé d'une façon démonftrative , que ce mot eft compofé de *P* article mafculin, & *Ouro*, qui en langue Egyptienne & Cophte, fignifie un Roi *(a)*.

Si

____

(a) P. BONJOUR in Monumenta Coptica Bibliothecae Vaticanae.

Si je me transporte chez les Etrusques, qui sont des Colons Egyptiens, j'y trouverois le Roi Porsenna, dont le nom, suivant toute apparence, est composé du mot *Por*, le même, que celui de Porus ou Pharao (*a*).

Les Indiens honnorent encore de nos jours la mémoire de Porus. On admire les ruines de sa résidence dans l'anciene ville de *Chitor*, appartenant au Prince Ranna, qui se disoit descendant en ligne droite du grand Roi Porus (*b*). Les traditions curieuses des Indiens, concernant ce Roi, se trouvent fort au long dans un livre Persan de Tarich Mircondi, que *Pierre* Texeira *Noble Portugais* a traduit en langue Espagnole. On trouve aussi des vestiges du nom de Porus dans

les

(*a*) Les Indiens appellent le Dieu suprême Parabaravastau, & la prémiere puissance *Parrachatti*, *Para* signifie suprème & absolu. *Voiez*, Receuil d'Observations Curieuses, sur les Moeurs des Peuples de l'Asie &c. Tom. I. 18. 19.

(*b*) Voiage de *Thomas* Rhoe dans l'Indostan. p. 9.

les traditions des *Banjans*, qui difent, que le prémier homme, que Dieu avoit créé, fe nommoit P o u r o u s, par où ils reconnoiffent, que Dieu confia à l'homme le droit de la royauté fur toutes les autres créatures.

P a s s o n s préfentement aux noms des villes des Indes, qui font Egyptiens. Je n'entreprendrai pas d'expliquer par cette langue, tous les noms des villes de ces vaftes contrées ; perfuadé, que ce pays a été peuplé par des nations très-différentes ; mais, fi ma conjecture fur une Colonie Egyptienne établie aux Indes a quelque fondement, on exigera, que je faffe connoître des villes aux Indes, qui portent des noms analogues à des villes d'Egypte ; puisqu'il eft certain, que les anciens Colons avoient tous la coutume, obfervée encore aujourd'hui, de fonder des villes, dans les lieux, où ils alloient s'établir, auxquelles ils donnoient les mêmes noms, que celles des endroits d'où ils fortoient. C'eft une confolation, un agrément, peut-être une forte de vanité des Colons, de retrouver

en

en quelque façon, & de fe rappeller dans des contrées eloignées, la chére patrie qu'ils ont quitté.

Les villes des Indes, dont les noms me paroiffent être Egyptiens, font pour la plus grande partie les plus occidentales de ces pays ; plus on va contre l'Orient, moins on trouve des veftiges des Egyptiens. Il paroît encore, que ce peuple s'eft plutôt établi du côté du Septentrion des Indes ; les côtes maritimes ne nous offrent pas beaucoup de monumens de ces anciens Colons. Auffi Arrien nous apprend, que c'eft du côté du Septentrion, que les Indiens reffemblent, quant à l'extérieur, aux Egyptiens, & que ceux du Midi ont plus d'affinité avec les Ethiopiens (a).

Nysa eft la ville la plus célébre & la plus renommée dans l'expédition d'Osiris

&

(a) Hift. Indica p. 320. Edition de Gronovius. Certe, qui ad Auftrum ventum vergunt Indi, Æthiopibus magis fimiles funt -- qui vero ad Septentrionem incolunt Ægyptios potius Corporis forma reprefentant.

& de B A C H U S; c'eſt - là que les Egyptiens ont fait leur principal ſéjour. A R-
R I E N & d'autres Anciens aſſurent, que
les habitants de *Nyſa* ne ſont point des
peuples originaires Indiens, mais plutot des
deſcendans de ceux, qui portérent aux Indes le Culte du Dieu B A C H U S (*a*).

N Y S A , que les anciens plaçent aux Indes , eſt néanmoins en deçà du fleuve Indus ; d'où on eſt en droit de conclure ,
que D I O D O R E & d'autres Géographes
anciens & modernes ſe ſont trompés , &
méme contredits en avançant que le fleuve
Indus faiſoit vers le Couchant les Confins
du pays , auquel il a donné ſon nom (*b*).

L E S anciens rapportent, que B A C H U S
donna lui - méme le nom à *Nyſa*. Par - là ils
ont voulu nous apprendre , que ce nom
étoit étranger , Egyptien. Ils diſent auſſi,
qu'O S I-

(*a*) Hiſt. Indica p. 313. Nyſei vero Indorum Gens non
ſunt, ſed ex iis originem ducunt, qui olim cum B A C H O
in Indiam venerant. Idem in Expeditione A L E X. M.
pag. 196.

(*b*) D I O D. *de Sicile* Trad. Franç. p. 286. liv. 2.

qu'O s i r i s ou B a c h u s nomma cette ville conformément au nom de la ville d'Egypte, où il étoit né ; ou, comme dit A r r i e n , rélativement au nom de fa nourrice ; ces deux expreffions métaphoriques ne fignifient autre chofe, fi ce n'eft, que B a c h u s donna à *Nyfa* ce nom , parce que fon Culte étoit originaire d'E-gypte , & avoit été porté de la montagne Egyptienne de *Nyfa* aux Indes (a).

„ H o m e r e , pour me fervir des paro-
„ les de D i o d o r e *de Sicile*, confirme
„ ce fentiment, lorsque dans ces hymnes
„ il parle ainfi des villes, qui font en con-
„ teftation pour le lieu de la naiffance de
„ B a c h u s ; en décidant néanmoins qu'il
„ eft né dans cette partie de l'Arabie , qui
„ touche à l'Egypte (b) :

B 3 Cent

(a) D i o d. *de Sicile* p. 40.

A r r i e n Exped. A l e x. M. 196. *Nyfam* autem vocavit Urbem a Nutrice *Nyfa*.

Eclairciffement fur les Nourrices de B a c h u s par M. l'Abbé S e' v i n.

Hift. de l'Acad. R. des Infcript. T. I I I. 53. Edit. d'Hollande.

(b) D i o d. *de Sicile* p. 468.

Cent peuples chériffant fes dons & fes
vertus ,
Veulent avoir nourri l'enfance de Ba-
chus;
Il n'eft grecque Cité ; fi l'on croit fon
hiftoire,
Qui ne puiffe à l'Egypte enlever cette
gloire.
Mais d'une erreur commune on eft par-
tout féduit ,
Dans un profond fécret Jupiter l'a
produit
En ces lieux, où du haut d'une verte
montagne ,
Nyfe voit l'eau du Nil couler dans la
Campagne.

Il n'y a que contradictions entre les Géographes touchant la montagne de *Nyfa*, voifine d'Egypte. Les uns la placent dans l'Arabie heureufe , d'autres entre la Phénicie & le Nil. On ne fait pas non plus, fi *Nyfa* d'Egypte & celle de l'Arabie font différentes. *Etienne de* Byzance & Eu-stathe (*a*) les diftinguent ; Diodore
de

***

(*a*) Iliad. Z. pag. 629.

de Sicile les confond , & il me paroit , qu'il a eu raison.   Cette ville étoit, à proprement parler , dans l'Arabie ; mais elle touchoit à l'Egypte ; ses habitans , son nom , sa religion étoient Egyptiens ; & de - là on a dit communément , que *Nysa* est une ville d'Egypte.   Ce qu'H E R O D O T E (*a*) rapporte , que *Nysa* appartenoit aux Ethiopiens , est fort remarquable , parce qu'on trouve une grande partie de villes Ethiopiennes aux Indes.   Il est néanmoins fort probable , que ce nom est Egyptien ; peut-être est ce le même , que celui de N E I T H A , Déesse Egyptienne.   J'aime pourtant mieux le dériver de N E I *constituere, definire* , & S A *terminus* (*b*). *Nysa* seroit alors *Limes & Terminus constitutus.*   Cette montagne placée sur les frontiéres , pouvoit-elle porter un nom plus convenable ? On pourroit aussi le tirer de N I - S A *Termini* , au pluriel.   *Nysa* signifiant les bornes & les confins d'un pays, paroit aussi dénoter en

B 4   géné-

(*a*) Liv. I I. Chap. 146. Liv. I I I. 97.

(*b*) *Nei* E X O D E VIII. 12.

Sa. M A T H. X V. 21. Version Cophte.

général une montagne, & peut-être en ce
fens fort bien appliqué à Nyfa Egyptienne
& Indienne.

CETTE Idée générale, attachée au nom
de *Nyfa*, fuffit pour expliquer le grand
nombre de villes de ce nom, qu'on rencontre partout.   Les Colons Egyptiens ont
bâti des villes nommées *Nyfa* en Euboée,
dans la Bœotie, la Carie, & dans la Thrace.   Dans toutes ces contrées on trouve des
villes de ce nom, & elles font fituées dans
des lieux élevées.

C'EST de la ville de *Nyfa* aux Indes, que
BACHUS a porté le nom de DYONI-
SUS. (*a*) Je m'étonne, qu'après les té-
moignages les plus formels des Anciens,
M. BOCHART ait ofé nous donner une
Etymologie tirée de l'Hebreu auffi peu fa-
tisfaifante, que celle qu'il a donné à ce fu-
jet.   Il eft très-probable, que DYONI-
SUS vient de *Deun*, mot, qui fignifie,
fui-

____

(*a*) MAUSSAC Differtat. fur Harpocration p. 321. &
PHAPHORINUS.

ſuivant les Anciens, dans la langue Indienne, *Dominus*, *Rex*. On trouve encore aujourd'hui dans la langue Malabare & dans le Perſan la même ſignification. Dyoniſus veut donc dire, Roi, Maître, Dieu tutelaire de *Nyſa*. Je ne m'oppoſerai néanmoins pas à ceux, qui ſoutiennent, que ce mot eſt grec; ce ſentiment n'eſt pas dépourvu de probabilité. Le mot de DYONISUS eſt toujours écrit avec un ſimple S; d'ou je conclus qu'il faut prononcer *Nyſa*, & non pas *Nyſſa*, comme le font bien des modernes; cette maniere d'écrire & cette prononciation ſont contraires aux médailles, & aux autres monumens anciens.

LES Indiens racontent encore aujourd'hui, au rapport du ſavant M. BAYER, (*a*) qu'un Héros avec des cornes de bœuf vint anciennement s'établir ſur la montagne de *Nyſadabura*, non loin de *Merou*. Qui ne voit, que ce ſont des veſtiges des voyages des Egyptiens, qui ont porté le Culte d'O-SIRIS ou de BACHUS aux Indes? Qui

B 5

pour-

(*a*) Hiſtoria Regni BACTRIANI pag. 4.

pourroit fe méprendre à l'attribut des cornes ? attribut familier à BACHUS, & qui eft originaire d'Egypte, où OSIRIS & ISIS font ordinairement parés d'un tel ornement.

C'EST ainfi que malgré la barbarie, l'ignorance, & l'écoulement d'un grand nombre de fiécles, les anciennes traditions fe confervent & fe retrouvent fouvent. Loin de les méprifer, la critique les recherche foigneufement, en ôte l'altération, qui a pu s'y glifler, & les réduit à leur jufte valeur.

LES Habitans de *Méros*, montagne des Indes, voifine de Nyfa, fe glorifient auffi, au rapport des Anciéns, d'être des defcendans de BACHUS; comme nous avons vu, que ceux de Nyfa fe vantoient pareillement de cette noble extraction, qui fuivant mon hypothéfe ne fignifie autre chofe, fi ce n'eft, que ceux de *Méros* étoient des Colons Egyptiens. Il s'agit de prouver cette conjecture, d'autant plus probable qu'il eft fûr, que la montagne de *Méros* eft

fou-

ſouvent compriſe ſous la dénomination générale de Nyſa, endroit peuplé par les Egyptiens, comme je l'ai fait voir.

Méros étoit conſacré à B A C H U S, & on
y voyoit de toute part le Lierre, attribut familier de ce Dieu, & qui auparavant ne ſe
trouvoit point dans ces contrées. L'Armée
d'A L E X A N D R E le Grand eut beaucoup
de joye de revoir enfin à *Méros* dans les Indes cette Plante, qu'ils n'avoyent pas vu depuis bien longtems. (a)

L E S Indiens en cultivant le Lierre & le
plantant à Nyſa & à *Méros*, lieux conſacrés à O S I R I S, n'ont fait en cela qu'imiter
les Egyptiens, parmi leſquels toutes les plantes étoient les attributs de quelque Dieu,
& où le Lierre étoit principalement conſacré à O S I R I S. *Plutarque* nous l'apprend,
& il ajoute, qu'ils nomment cette plante
Chenoſiris; mot, qui ſuivant cet ancien auteur, ſignifie plante d'O S I R I S. La langue
Cophte

______

- (a) Montemque Merum Libero Patri ſacrum. Pline VI. 21.
T H E O P H R A S T E Hiſt. Plantarum IV. 4. & A R R I E N.

Cophte eſt favorable à cette Etymologie; ſans corriger le texte, comme l'a voulu faire M. J A B L O N S K J, on peut expliquer ce mot par *Gin* & *Oſiri* production & plante d'O s i r i s. (*a*)

O n ſait communément, que parmi les Grecs, imitateurs des Egyptiens, le Lierre étoit la plante favorite d'O s i r i s ou de B A C H U S, comme parmi les Egyptiens & les Indiens.

L e nom de *Méros*, donné à cette montagne, s'eſt conſervé juſques à nos jours parmi les Orientaux de ces contrées. J'ai rapporté ci-devant ce qu'ils racontent touchant

un

(*a*) P L U T A R Q U E de Iside 365.

M. J A B L O N S K J lit Σχενόσιϱις, & a récours au mot *Iſchen*, qui ſignifie un Arbre & non point une Plante, telle que le Lierre.

Gin-Oſiri eſt écrit en Cophte avec le *Giangia*.

T H E O P H. G A L E in the Court of the Gentils parte I. 65. dérive ce mot de l'Hebreu *Canah*, mais perſonne peut ignorer aujourd'hui, que l'Hebreu & l'Egyptien n'ont aucune affinité.

L'Etymologie, que M. P A S S E R I vient de donner de ce mot, péche par le même endroit.

un Héros à cornes de bœuf, qui vint s'établir à *Nifadabura*, non loin de *Merou*, & je ne dois pas oublier de remarquer, que plufieurs voyageurs affurent, qu'ils parlent fouvent dans leurs fables de *Magamerou*, ou de la grande montagne de *Mérou*. (*a*)

L E S Anciens difent, que B A C H U S donna lui-même le nom à cette montagne ; (*b*) auffi eft il Egyptien, & le même, que celui du fameux *Lac de Mœris* en Egypte, qui fuivant toute apparence, tint fon nom du Roi M O E R I S, à qui on doit ce monument. Ce mot fignifie chéri & aimé du foleil ; (*c*) titre convenable à un Roi, auffi, bien quà la montagne de *Méros*, favorite de B A C H U S, qui, à certain égard, eft le foleil.

L E

(*a*) Lettre du R- P. L O U C H E T. dans les Lettres édifiantes IX. 41.

Receuil d'Obfervations curieufes fur les Mœurs — des Peuples de l'Afie — T. I. 36.

(*b*) P O L I Æ N U S Stratagem. I. 1.

(*c*) On le peut auffi expliquer par le terme grec de Ἡλιοδορος, Don & prefent du Soleil. v. Saumaife de Annis Climact. 567.

Le Roi MOERIS, fondateur du Lac de ce nom, me fait fouvenir d'un paffage de Q. CURCE, qui parle d'un MOERIS Roi des Indes (a); ce títre a été donné dans la fuite, fuivant le témoignage de HESY-CHIUS, généralement aux Rois Indiens. Les fucceffeurs de MOERIS, Roi d'extraction Egyptienne, vouloient tous fe parer de ce beau nom, à-peu-près comme les Empereurs Romains fe nommoient tous CESARS.

ON pourroit ici m'objeƈter, que le nom de *Méros* a beaucoup d'affinité avec *Meroë*, péninfule du Nil & capitale de l'Ethiopie; & peut-être voudroit on conclure de-là, que la Colonie, que j'établis étoit Ethiopienne, & non point Egyptienne. J'avouë d'abord, qu'àprès la belle Differtation de M. FOURMONT le cadet, (b) il eft impof-fible de nier, qu'une Colonie Ethiopienne fe foit établie aux Indes; les preuves de ce

Sça-

_____

(a) Livre IX. ch. 8.

(b) Mémoires de l'Acad. R. des Infcript. & B. Lettres T. VII. 497. Ed. d'Hollande.

Sçàvant font démonftratives. Il eft auffi très-
probable, que les Ethiopiens, qu'on con-
fondoit fouvent avec les habitans de la Thé-
baïde, ont eu part à la fameufe expédition
de BACHUS ou de SESOSTRIS; je crois
même que la religion & les mœurs des
Ethiopiens différoient fort peu dans la plus
haute Antiquité de celles des Egyptiens, &
que leurs langues avoyent auffi quelque affinité. J'ai déjà allégué un paffage d'AR-
RIEN, qui rapporte, que les Indiens du
Midi reffemblent plus aux Ethiopiens, &
que ceux du Septentrion, c. a. d. de *Nyfa*
& de *Méros*, font femblables aux Egyptiens;
de-là on peut inférer, que ces derniers ont
donné le nom de *Méros* à cette montagne,
& qu'on ne doit point le dériver de Meroë
d'Ethiopie. Cela eft d'autant plus probable,
que les Anciens affurent unanimement, que
la capitale d'Ethiopie doit fon nom à Meroë,
femme ou fœur de CAMBYSE, (a) qui a
vécu longtems après l'expédition de BA-
CHUS aux Indes.

PLI-

(a) STRABON.

PLINE, Q. CURCE, & d'autres Auteurs anciens avancent, que la fable des Grecs, qui difent que BACHUS a été caché dans les hanches de JUPITER, doit fon origine à une ancienne tradition, qui portoit, que BACHUS avoit été confervé & caché à *Méros*, parce que ce mot fignifioit dans la langue grecque la Hanche. (*a*)

Sur ce fondement, je vai hazarder une petite digreffion, qui aura le mérite de la nouveauté. Je veux expliquer l'hiftoire fabuleufe de BACHUS, & montrer principalement en quel fens on a dit, que ce Dieu eft forti ἐκ μηρᾶ Διὸς, ou fuivant les Grecs, des Hanches de JUPITER.

BACHUS eft né de JUPITER; c'eft OSIRIS, ou le Nil, qui découle de l'Ethiopie & de la haute Egypte, pays confacré à JUPITER AMMON parmi les Egyptiens, qui difoient auffi du Nil, qu'il couloit

———————————————————

(*a*) Q. CURCE VIII. 10. MERON INCOLÆ appellant; inde Græci mentiendi traxere licentiam Jovis femine Liberum Patrem effe celatum.

loit de JUPITER, & l'appelloient par cette raifon Διϊπετης, comme on le voit par les vers fuivans, tirés de l'Odyffée d'HOME'RE (a).

Ἄψδεις Αἰγύπτοιο Διϊπετέος ποτομοῖο.

BACHUS eft nourri par les plyades, conftellations pluvieufes; ce font les pluyes fortes d'Ethiopie, qui caufent l'accroiffement du Nil (b).

DES chaleurs brûlantes confument la Mere de BACHUS, avant que l'Enfant foit à terme; ce font les vents chauds & brûlans, fi dangereux en Egypte, qui chaffent les nuages en Ethiopie, & caufent par - là les débordemens du Nil; ces vents font fi violens, que leur chaleur étouffe ceux, qui y font expofés, & les Caravannes de la Méque en fouffrent confiderablement (c).

BA-

(a) Od. Δ 581. HOME'RE entend ici, comme auffi autre part de Nil par le nom d'Egyptus. v. EUSTATHE.

(b) PLIN. Hift. Nat. v. 9.

(c) THEVENOT voyages au Lévant P. I. liv. 2. Chap. 20.

Bachus est' caché ensuite dans les hanches de Jupiter, d'où il naît une seconde fois; c'est le Nil qu'on fait entrer dans le lac de Moeris. Ainsi, en disant qu'il étoit né Ἐκ Μηροῦ Διός on vouloit faire entendre, qu'on le distribuoit & faisoit sortir du Réservoir de Moeris, dans lequel il étoit contenu. Ce monument est trop utile à l'Egypte, pour que dans l'histoire du Nil on n'en dut pas faire mention (a).

Osiris & Bachus sont mis en piéces, & leurs membres sont dispersés çà & là; c'est le Nil divisé en différens canaux. Le *Thamus* du Prophete Ezechiel, est l'Osiris pleuré & enséveli. Le mot vient de *Thoms*, qui en langue Egyptienne signifie ensévelir (b). Je crois, que cette nouvelle Etymologie du nom de *Thamus* est plus probable, que toutes celles, qu'on a donné jusques ici. En disant, que ce Dieu

---

(a) Norden, Travels in Egypt. and Nubia. Tom. I. 102.

(b) Ezechiel VIII. 15.
Thoms Sepetire. Version Cophte Genese XXV. 9.

Dieu étoit enséveli, on donnoit à entendre, qu'il se précipitoit dans la Mer. Tous les ans on pleure son absence, & tous les ans on se rejouit de son rétour (*a*).

— — *Nunquamque satis quæsitus* OSIRIS; C'est le Nil, qui se perd, & se retrouve annuellement (*b*).

C'EST ainsi que les Grecs se plaisoient d'expliquer les noms étrangers par leur langue, de composer sur d'aussi faux principes des fables & des romans. L'exemple, que j'ai donné de leur Interprétation du mot de *Méros* est frappant; il est fondé sur le témoignage des Anciens; mais pour établir plus sûrement la verité de mes hypothéses, je vai donner encore un autre échantillon de cette ridicule coutume des Mythologistes Grecs. Le voici, le mot de *Byrsa*, Citadelle de Carthage, signifie en Grec du Cuir; de-là, ces Autheurs fabuleux ont pris occasion de dire, que DIDON ache-

C 2

ta

(*a*) PAUSANIAS, in Phoc., assure que les fêtes d'OSIRIS ont rapport au Nil.

(*b*) OVIDE.

ta autant de terrein , qu'elle pût renfermer avec les courroyes d'un bœuf , quoiqu'ils ne puffent ignorer , que ce nom etoit Phéni-cien , & le même , que celui de *Phæræfch*, Cheval ; plutót que *Bofra*, come M. P i-n a r t l'a affuré d'après la conjecture de B o c h a r t ; ou *Birta*, comme l'a préten-du M. V a l c k e n a e r (*a*).

L e s endroits voifins de *Nyfa* ne font pas les feuls , qui ont des noms Egyptiens. Toutes ces vaftes contrées de l'Orient d'A-fie nous préfentent des veftiges de leurs anciens Colons.   On y trouve un fleuve de *Mande* (*b*) ; un autre de *Bibafis*.   Ce font des noms purement Egyptiens. Le prémier eft celui du Dieu P a n ; l'autre de la D i a n e Egyptienne.   On rencontre une
ville

(*a*) Hiftoire de l'Acad. R. des Infcriptions T. I. 82. Ed. d'Amfterdam.

Differtatio de Byrfa Phœnicio Arcis Carthaginenfium no-mine auth. L. C. V a l c k e n a e r. Franeq. 1737.

Cette Etymologie eft nouvelle, & fondée fur les medailles antiques.   Je me propofe de l'expliquer plus au long, dans une Differtation, que je prépare à ce fujet.

(*b*) P t o l e' m e'. Geogr. VII. 1.

ville appellée *Toan* (*a*), & un fleuve nommé *Zoan*. N'eſt - ce pas la Z O A N que la Sainte Ecriture place en Egypte, & la T A N I S des Septantes ?

O N voit dans l'Isle de Taprobane une ville nommée *Anubingara*; c. a. d. ville d'A N U B I S (*b*). Le mot de *Gara*, qui ſignifie une ville eſt la terminaiſon conſtante des villes des Indes; ainſi on trouve *Omenogara*, *Agringara*, *Camigara*, *Minagara* & beaucoup d'autres.

E N F I N le nom de la fameuſe ville de *Thina* eſt Egyptien. Le Roiaume de Thina eſt le pays le plus oriental que les Anciens paroiſſent avoir connû, & on croit avec aſſez de fondement, que Thina ne doit point être confondu avec la Chine moderne; mais que c'eſt plutôt le Roiaume de Siam (*c*): Ce nom de Thina doit être comparé

C 3

avec

(*a*) P T O L E' M E' Geogr. V I I. 4.
(*b*) Idem L. c.
(*c*) P T O L E M E' V I I. 3.
Marcian H E R A C L. p. I I. *Arrien* P E R I P L U S E-rîthr. 37. Edition d'Oxford.
V O S S I U S de Æt. Mundi Chap. X I I.

avec le *Nome Thynite* d'Egypte , & la ville *Thoinis* Egyptienne (*a*). Ce mot eft compofé de *Th* article féminin , & *Oini* , qui fignifie le Soleil ; de là *Thoini* dénote un pays , un fleuve , une ville confacrée au Soleil. La différence de *u* & *oi* ne dépend , que des Dialectes de la haute - & baſſe - Egypte. On dit indifférement *Moeris* & *Myris* ; *Moeſia* & *Myſia* ; *Thoini* & *Thyni*.

Les coutumes réligieuſes & civiles des Indiens anciens & modernes ont tant de rapport avec celles des Egyptiens , qu'il eft impoſſible de donter , que cet ancien peuple , le fondateur de toutes les ſciences , n'ait porté aux Indes ſes ſuperſtitions réligieuſes , ſes coutumes civiles , & les arts qu'il cultivoit.

Mon deſſein n'eft pas de citer toutes les conformités de la Religion Indienne , avec celle des Egyptiens ; leur nombre prodigieux me conduiroit trop loin. Je me
bor-

(*a*) Photius ; & les Médailles Impériales d'Egypte.

bornerai à choifir les plus marquées & les plus intéreffantes.

JE ne parlerai point du Culte du Soleil établi chez les Indiens & chez les Egyptiens; ni de celui du Gange, qui eft honoré aux Indes avec les mêmes cérémonies, qu'on rendoit autrefois au Nil. De pareilles affinités ne prouvent aucune communication, parce que ce culte eft fondé fur les impreffions de reconnoiffance, que fait également fur tous les hommes de tous les ages, & de tous les lieux, la contemplation des chofes, qui nous font d'une grande utilité. Je ne citerai point non plus la coutume des Bramines, qui fe plongent dans le Gange, & qui fe lavent deux fois par jour dans l'eau claire, comme le faifoient les Prêtres Egyptiens ; parce que cette coutume étoit univerfelle chez tous les peuples, par un principe de réligion adopté de la plûpart des Payens, qui croyoient, qu'en fe purifiant le corps, on purifioit en même tems l'ame du péché; ou que du moins on commençoit cette purification, qui s'achevoit feulement

lement

lement après la mort, par le moyen du feu, de l'air & de l'eau.

> -- -- *Aliæ panduntur inanes*
> *Suspensæ ad ventum, aliis sub Gurgite*
> *vasto*
> *Infectum eluitur scelus, aut exuritur*
> *igne* (a).

IL est à remarquer aussi, que toutes les superstitions des Indiens ne sont pas originaires d'Egypte; Les Colonies des Persans & celles des autres nations voisines, qui se sont établies dans ces contrées, y ont apporté du changement. En considérant attentivement l'idolatrie Indienne, on sera convaincu, que c'est un mélange de plusieurs réligions différentes.

JE n'aurai qu'à copier *le sixiéme livre du Christianisme des Indes de M. la* CROZE pour faire voir beaucoup d'affinité entre les réligions Egyptienne & Indienne, mais j'y renvoye mes lecteurs (b); & je m'attacherai prin-

---

(a) VIRGILE Æneid. VI.
(b) On pourroit peut - être taxer M. *La* CROZE d'avoir
con-

principalement aux conformités effentielles de ces deux nations , que ce favant Auteur a oublié d'alléguer , quoi qu'elles foient tout - à - fait évidentes.

L E S Egyptiens, & P Y T H A G O R E leur conftant imitateur , cherchérent des myftères partout ; non contens de trouver presque dans tous les animaux des analogies avec leurs Dieux, ils en chercherent dans les figures des lettres ; auffi bien , que dans les différentes figures géometriques. Ils regardoient le cercle comme une marque de la Divinité , foit , parce qu'il paroit être de toutes les figures la plus parfaite, ou par fon rapport au Difque du Soleil & de la Lune. De - là on voit fi fouvent dans les monumens de cette nation leurs figures portant de grands Globes fur la tête.

L A vénération pour le Cercle & les ver-

C 5

tus

----

confondu les anciennes coutumes Egyptiennes , qui ont été portées aux Indes dans le tems de l'Antiquité la plus reculée, avec celles , que les Gnoftiques établirent aux Indes dans les tems poftérieurs ; leur Chriftianifme Egyptien fe trouve aux Indes ; il eft difficile , mais en même tems très néceffaire, de faire cette diftinction.

tus attribuées à cette figure, ont paſſé d'E-
gypte aux Indes, où on fait beaucoup de
cas & de myſtère des Cailloux ronds &
ovales, auxquels on attribue en vertu, de
leurs figure, une infinité de fortiléges. (a)

La figure des Obélifques & des Pyramides étoit parmi les Egyptiens une image des
Rayons du Soleil. Les Anciens en grand
nombre l'aſſurent poſitivement, (b) & le
nom même de *Pyramis*, fuivant l'ingénieufe conjecture d'un Sçavant, verſé dans la langue
Cophte, fignifie les rayons du Soleil. (c)

Cette vénération des Egyptiens pour les
Pyramides fe retrouve aux Indes. Les anciens Philofophes Indiens adoroient la Pyramide, fuivant le rapport de CLEMENT
d'Alexandrie (d). & les Indiens d'aujourd'hui
répré-

(a) Receuil d'Obſervations fur les mœurs des peuples de
l'Afie --- T. 3. 192. chap. 10. Du Salagraman, ou Caillou
Vermoulu, & du cas particulier qu'en font les Indiens.

(b) PLINE H.N. XXXVI. 8. Obelifcos vocantes,
Solis Numini facratos.

Scholiaftes HORATII Carm. III. Ode Ult.

(c) *La* CROZE in Prolegom. Panthei Ægypt. de M. JA-
BLONSKJ §. 34

(d) STROMAT. M. 451. Edition de Sylbourg.

répréfentent ISUREN autrement nommé MAHADEV, ou grand Dieu, par une Pyramide à laquelle ils rendent des honneurs divins (a). Les habitans de l'Isle de Formofa ont encore cette même fuperftition : (b) Et perfonne n'ignore le grand cas que les Chinois font de la figure Pyramidale.

ON ne fera pas étonné, fi je confonds les Chinois avec les Indiens. Les Auteurs même de cette nation reconnoiffent, que leur Culte leur vient des Indes (c). On fera encore moins furpris de me voir comparer les Chinois aux Egyptiens, auxquels ils reffemblent par tant d'endroits ; par la haute Antiquité dont l'une & l'autre de ces nations fe vantent ; & auffi par leurs écriture courante, qui doit fon origine aux hieroglyphes comme celle des Egyptiens. (d)

POUR

(a) Voyage de P. *Della* VALLE. IV. partie p. 83.

(b) Defcription de l'Isle de Formofa p. 41.

(c) *Denys* KAO Defcript. de la Chine p. 370.

(d) Dans le tems que je préfentois ce Mémoire à l'Académie des Belles - Lettres & des Infcr. de Paris, où il a été lû après Paques en 1758 ; M. *de* GUIGNES communiqua

Pour revenir aux Pyramides, je dois citer ici un fait des plus curieux, & des plus
rémarquables.   Ce font les Pyramides ap-
pellées *Cous*, qu'on voit aux environs de
Mexico, avec d'autres ruines d'une grande
ville (*a*).   Une de ces Pyramides fort anciennes, eft orné au haut de la ftatuë du
Soleil; ainfi ces Américains attribuoient cette figure au Soleil comme les Egyptiens &
les Indiens.   Le chemin, qui conduit à ces
Pyra-

---

qua à cette Illuftre Compagnie la belle découverte, qu'il
vient de faire à ce fujet. L'entiére conformité, qu'il trouve aux hieroglyphes Chinois avec la langue Egyptienne &
Phénicienne, prouve les Colonies de ces nations établies dans
ce pays; l'hiftoire des prémiers Rois de la Chine, copiée
fur celle des anciens Rois Egyptiens, fortifie les conjectures
qu'on propofe ici.   Cette importante découverte de M. *de*
GUIGNES fait honneur à l'Académie & à notre fiécle,
en repandant de grandes & nouvelles lumieres fur des faits
tres - intereffans, qui jufques ici étoient couverts de la plus
grande obfcurité.

Voiez auffi Receuil d'obfervations curieufes &c. **T. I.**
127. fuiv. Si les Traditions de la Chine tirent leur origine
d'Egypte.   Les raifonnemens de cet Auteur font rien moins
que juftes.

(*a*) Voyage de *Gemelli* CARERI p. 211. fuiv.

Pyramides eft nommé *Micaoti* , c. a. d. chemin des Morts ; d'où je conclus, que ces Pyramides avoient fervi de Tombeaux à des
grands Seigneurs ; quelques unes de celles
d'Egypte étoient deftinées au même ufage (*a*). Je ferai trop long, fi je voulois
examiner les différentes queftions , qu'on
pourroit me faire à ce fujet. Comment,
me dira-t-on , les Méxiquains, qui n'avoyent
pas autrefois l'ufage du fer , ont ils taillé
des pierres fi dures ? Comment les ont-ils
élevé à d'auffi grandes hauteurs ?

M. le Comte de CAYLUS me fît l'honneur de me communiquer des plans & des
deffeins d'un ancien Temple des Pagodes,
qui fe trouve à *Chalembron* ; Les Pyramides, qui font partie de cet édifice , & les
basreliefs, dont il eft orné , font entiérement dans le gout Egyptien. Ce monument & plufieurs autres, qui fubfiftent aux
Indes, prouvent les rapports de l'Architec-
ture de cette nation avec celle des Egyptiens.

L A

(*a*) M. GREAVES Pyramidographia Vol. I. 57. Dr.
BIRCH'S Edition.

L a coutume de confacrer les arbres &
les Plantes à différentes Divinités eft originaire d'Egypte.   Elle fût adoptée enfuite
par les Etrufques, les Perfans, les Gaulois,
les Grecs & par les Romains.   M. de St.
P a u l, ancien Gouverneur de Bengale, m'apprit que cette fuperftition fe trouve encore aujourd'hui aux Indes.   Ces peuples ont
des jours de fêtes pour le *Bafilic* & le *Ta-
marinier*, ils célébrent furtout une Princef-
fe ou Déeffe, changée en une éfpéce de
Nenuphar, on fait, que les Egygtiens faifoient auffi grand cas de cette plante.   Les
Indiens ont en horreur le Chardon fauvage,
qui a beaucoup de rapport avec le *Cha-
meleum*, plante, que les Anciens attribuoient au monftre Typhon.   Les Chinois cultivent avec un foin réligieux dans des
Vafes de Porcelaine le *Nelumbo*, qui eft le
Lotus Egyptien.

U n manufcrit curieux du traité d'A p u-
l e e *de Herbis*, que j'ai collationé à la Bib-
liothéque du Roi ;   & les fecours, que j'ai
eu à ce fujet de Mrs. *De* J u s s i e u, F a l-
c o n e t & A d a n s o n, me mettent à
même.

même de donner dans la fuite une Differtation fur le Culte des Plantes , établi de
toute Antiquité en Egypte.

On admire dans les Catacombes de *Sac-
cara* en Egypte , le grand nombre d'Animaux différens qu'on y trouve émaillotés
& embaumés , avec le même foin , que les
Momies des plus grands Seigneurs (*a*). Ce
font des témoins du Culte des Animaux ,
qui faifoit une des principales parties de la
réligion Egyptienne , & dont l'hiftoire de
J o s e p h nous offre déjà des veftiges évi-
dens. (*b*)

C e t t e nation fuperftitieufe cherchoit
dans la nature , ce qui avoit du rapport avec
leurs Divinités. Tout ce , qui faifoit voir
quelque fympathie avec le Soleil , la Lune
& avec les autres Planétes ; tout ce qui pouvoit fervir de pronoftic de l'accroiffement
du Nil , étoit en quelque façon déïfié en
Egypte , chaque Dieu avoit un Animal , qui
lui

(*a*) P o c o c k e Defcript. of the Eaft T. I. 54.
N o r d e n T r a v e l s in Egypt and Nubia T. I I. 13.
(*b*) G e n e s e 43 -- 32.
46 -- 34.

lui étoit principalement confacré , & on l'honoroit vivant dans le Temple de cette Divinité. A *Bubafte* , c'étoit un Chat, fimbole de la Lune , parce que c'eft un animal, qui fait fes courfes de nuit , plus fouvent que de jour. A *Meude*, c'étoit un Bouc , fimbole de la fécondite , qui étoit la premiére faculté de Mendes , ou du Pan Egyptien.

Le Culte des animaux , & l'abftinence de leur chair , qui en eft une fuite , a paffé d'Egypte aux Indes , où il s'eft confervé jufques aujourd'hui (*a*). Je cite pour garant, de ce que j'avance, le grand Hopital des animaux malades & éftropiés , qui eft à *Surate*. Le Bœuf Apis, fimbole d'Osiris parmi les Egyptiens , & de Bachus parmi les Grecs , eft celui d'Isure aux Indes. On adore à *Bengale* une ftatue de Bœuf, d'une grandeur énorme. Ce même Culte eft auffi en ufage dans l'Isle de *Formofa* (*b*). La Vénération des Indiens pour les Vaches , eft une imitation des Egyptiens, qui avoyent confacré cet animal à leur Deeffe

(*a*) Rélation des Miffionaires Danois Contïn. VII.
(*b*) Defcription de l'Isle de Formofa p. 41.

ſe **Isis**. Les anciens Philoſophes Indiens ne mangoient point la chair des animaux; les *Bramines* d'aujourd'hui ne ſauroient être contraints à le faire, (*a*) & cette abſtinence réligieuſe eſt preſque générale dans toutes les Indes. Pour rendre en quelque façon raiſonnable ce Culte des animaux des Egyptiens & des Indiens, & l'abſtinence, qu'ils font de leurs chair, les Sçavans ont prétendu, que l'un & l'autre étoit fondé ſur la doctrine de la *Metempſychoſe*, originaire d'Egypte, d'où elle a été porté aux Indes. Les *Bramines*, anciens & modernes la croyent tous, & la mythologie de ces derniers eſt batie ſur ce fondement. (*b*)

Il eſt ſûr, qu'un tel ſiſtème de l'origine du Culte des animaux n'eſt pas dépourvu de probabilité. J'aimerois mieux dire qu'Apis a été honnoré en Egypte, parce qu'on cro-

---

(*a*) **Strabon.**
  Clement d'Alexandrie Stromat. III. 451.
  Rélation de l'Inquiſition de Goa, chap. VI. 27.
  (*b*) Recueil d'Obſervations curieuſes ſur les Mœurs — des Peuples de l'Aſie. T. II. p. 362. chap. 20. De l'opinion des Indiens ſur la Métempſychoſe.

D

croyoit , que l'ame d'O s i r i s avoit paffé dans fon corps, que d'avancer avec un grand nombre d'Auteurs modernes, qu'on adoroit le Patriarche J o s e p h fous la figure du Taurreau Apis (*a*). Cependant je ne puis me perfuader, que ce foit la véritable raifon du Culte, que les Egyptiens ont rendu aux Animaux, je crois plutôt, que la raifon en eft tirée d'une certaine fympathie d'un animal avec leurs Dieux.

P l u s i e u r s Sçavans ont déjà comparé la vie auftère des *Fakirs* Indiens , avec celle des Hermites Payens Egyptiens (*b*). Cette dévotion , originare d'Egypte a été adoptée par tous les peuples de l'Antiquité. Dè - là les flagellations des Lacédemoniens, les bellonaires des Grecs & des Romains, les mortifications étonnantes des Indiens; peut - être encore les ftigmatifations des Egyptiens, ufitées aujourd'hui aux Indes.

U n e

(*a*) Caltus Innoc. A n s a l d u s , J o s e p h i Ægypti Proregis Religio vindicata.

(*b*) *La* C r o z e , Hiftoire du Chriftianifme des Indes. page 434.

H o l s t e n i u s , Remarques fur la Vie de P y t h a - g o r e , p. 182. Edition de Cambrigde.

H e r o d o t e , p. 111. & 104. Edit. de Gronovius.

Une affinité des plus marquées, qui se trouve entre les superstitions réligieuses des Egyptiens & des Indiens, c'est l'horreur, que ces deux nations ont pour le vin. Je m'étendrai un peu sur ce sujet, parce que M. *La* Croze, qui s'est attaché à prouver la conformité des Réligions Egyptienne & Indienne, s'est trompé à cet égard en avançant, *que du côté de la boisson & des liqueurs enivrantes, que les Indiens ont présentement en horreur, il ne sauroit trouver aucune affinité avec les Egyptiens.* (a)

Ce Sçavant ne se souvenoit aparement plus du passage de Plutarque, qui dit, qu'avant le regne de Psammetychus les Egyptiens n'avoient pas fait usage du vin, ni dans la vie privée, ni dans les sacrifices; (b) parce que, ajoute cet Ancien, ils regardoient le vin comme le sang des téméraires monstres de la terre, qui avoient autrefois fait la guerre aux Dieux. Il entendoit par-là toute la troupe de Typhon;

D 2

com-

---

[a] Histoir. du Christ. des Indes, p. 430.
[b] De Iside 353.

comme les *Bramines*, fuivant un voyageur Anglois, difent que le vin eft le fang des Diables. (*a*).

C'est des Egyptiens, que les Mages de Perfe, les Manichéens, les Gnoftiques, les Encratites, les Arabes anciens & modernes, les Mandarins Chinois ; enfin les anciens Philofophes Indiens & les Bramines d'aujour-d'hui ont pris cette fuperftition. J'ai aufli fait voir dans une *Differtation fur les Athé-niens, Colonie Egyptienne*, que CECROPS porta d'Egypte en Gréce cette perfuafion, & qu'il déffendit de faire ufage du vin dans les facrifices.

On pourroit objecter ici l'Hiftoire de l'Echanfon de PHARAON, contenuë dans le prémier livre de MOYSE (*b*). Mais Mr. MICHAELIS, célébre Profeffeur de *Göt-tinguen*, a donné une folution probable de cette objection formée contre l'Antiquité, de l'horreur des Egyptiens, pour les Boiffons en-

[*a*] Voyage de Jean OVINGTON, T. I. 380.
[*b*] Chap. 40. vers 1. 5. 9. 13.

enivrantes ; (*a*) en obfervant que cet Echanſon ne verſoit pas du vin dans la Coupe du Roi d'Egypte, mais qu'il exprimoit ſeulement le ſuc des raiſins & le temperoit avec de l'eau. Cette ſignification ſe trouve effectivement dans l'original (*b*). Enſuite il prouve, que les Manichéens, quoiqu'ils euſſent le vin en horreur, mangoient auſſi les raiſins ; *Quæ tanta perverſio eſt* , dit *St.* AUGUSTIN, en addreſſant la parole à ces Hérétiques, *Vinum putare ſel Principum Tenebrarum , & uvis comedendis non parcere* (*c*). Il paroit que cette obſervation ſert auſſi pour expliquer les contradictions aparentes de l'Alcoran, où Mahomet fait ſouvent l'éloge des raiſins , & défend en même - tems l'uſage du vin.

CE Sçavant, non - content d'avoir établi & prouvé la vérité de cette ancienne horreur des Egyptiens pour le vin, tâche auſſi

D 3

de

[*a*] Commentarii Göttingenſes T. IV. 108. ſuiv, De Legibus Moſis , Palæſtinam Populo caram facturis.

[*b*] SCHULTENS Animadv. Philol. & Criticæ p. 19.

[*c*] Tom. I. Liv. 2. 732. Edition des R. P. Bénédictins.

de découvrir l'origine de cette fuperftition. Il croit, que les prémiers Prêtres Egyptiens avoient eu foin d'inculquer au peuple une horreur réligieufe contre cette boiffon, que l'Egypte ne produiffit pas en affez grande quantité ; & qu'ainfi ils avoient fait fervir en fages Législateurs la Réligion à la Politique, perfuadés que l'efprit du vulgaire, vil éfclave du prejugé, plie fans efforts fous le joug de la fuperftition & du fanatifme. L'Orge, qui croit en abondance dans ce pays, fervoit à faire une Bierre excellente ; au lieu, qu'on auroit été obligé de faire entrer une bonne provifion de vin en Egypte, fi ces fages Prêtres de l'Antiquité n'avoient pas introduit cette fuperftition. L'Angleterre, fuivant l'obfervation de notre Sçavant, feroit infiniment plus riche, fi on avoit pu donner à ce peuple une horreur réligieufe du vin, pour lequel on en voit toutes les années des fommes immenfes en France & en Efpagne.

J'avouë, que cette conjecture, touchant l'horreur qu'avoient les Egyptiens pour le vin, eft tout-à-fait ingénieufe ;
néan-

néanmoins elle ne me satisfait pas entiérement. Il faut donc en chercher quelqu'autre. Bien des sçavans ont récours au mauvais effet du trop grand abus du vin ; & ils prétendent principalement, que l'histoire de NÖE & de CHAM a si fort frappé ces peuples, qu'ils ont pris le vin en horreur. Sans décider le cas qu'on doit faire de cette conjecture, je vai en proposer une autre, qui est toute neuve.

POUR établir la verité de mon Hypothése il faut poser ce principe ; que les Egyptiens ont attribué à chacun de leurs Dieux une couleur, ou laquelle il étoit constamment repréfenté ; Couleur, qui lui étoit propre, & à la quelle se rapportent bien des superstitions. Ces couleurs étoient des simboles de leurs Dieux. Ainsi OSIRIS, qui est le Nil dans le sistème des Egyptiens, est nommé *Melas* par les Grecs; aussi-bien, que *Melo* par les Latins. Le Beuf Mneuis, qui étoit consacré à OSIRIS, étoit de couleur parfaitement noire (a), &

D 4

c'est

(a) PLUTARQUE de Iside 364. Bos vero ille, quem Heliopoli alunt, dictus Mneuis, valde niger est.

c'eſt peut - être par cette raiſon, que les Eperviers, qui ſont fort noirs en Egypte, ſont conſacrés au Nil; qui dans la belle Statuë du Vatican eſt auſſi repréſenté tout noir.

ANUBIS, qui eſt la brillante Etoile de la Canicule, étoit repréſenté couleur d'or par les Egyptiens; toutes ces Statuës étoient de ce précieux métal; ſon nom même, expliqué par la langue Cophte, ſignifie doré (a).

TYPHON, qui eſt principalement la Mer Rouge, voiſine d'Egypte, eſt de couleur rouſſe (b). Cette couleur, ſi eſtimée parmi les autres peuples de l'antiquité, étoit par cette raiſon, deteſtée en Egypte. On fuyoit

______

(a) LUCIEN in Jove Tragœdo.
Anub. aureus, vient de *Noub*, Aurum. Exode 39. 1.
Diſſertation ſut les Attributs d'ANUBIS & d'HARPOCRATE; où je prouve, que c'eſt de - là, que MERCURE, qui eſt ANUBIS, paſſe pour l'inventeur de l'Or, le Dieu du Gain & du Commerce.
(b) Dr. R. CLAYTON dans un ſavant diſcours Anglois, ſur l'origine des Hieroglyphes, adreſſé à l'illuſtre Societé des Antiquaires de Londres.

fuyoit dans ce pays, felon PLUTARQUE (a), le commerce des Roux ; & l'Ane, qui eft en Egypte plus beau qu'ailleurs, devint un animal méprifable ; non comme apréfent, par le ridicule qu'on a jetté fur fon nom, mais fimplement à caufe de fa couleur, qui eft rouffe en Orient ; d'où cet animal a eu en Hebreu & en Arabe le nom de *Chamar*, en Efpagnol celui de *Burro*, & en François celui de *Bourique*, qui vient du Grec πύῤῥός & πυῤῥίχος Rufus (b).

C'EST de-là, que les Bœufs n'étoient pas tous, comme le croyent les Auteurs modernes, indifféremment honorés en Egypte. Car DIODORE *de Sicile* affure, que quoique l'on rendit aux Taureaux facrés, Mneuis & Apis un Culte, qui approche de celui, qu'on rend aux Dieux ; il étoit cependant permis de facrifier des Taureaux, quand ils étoient roux ; parce, ajoute-t-il, que les Egyptiens croyent, que Typhon eft de cette couleur (c). Suivant PLU-

D 5

TAR-

---

[a] De ISIDE 359. 363.
[b] MESNAGE Origines Gallicæ.
[c] Tom. I. 187. Traduction Franç.

TARQUE, on examinoit foigneufement les Bœufs, qu'on offroit en facrifice ; s'ils avoient, dit cet Auteur, un feul poil noir ou blanc, leur vie étoit en fûreté. On fe fervoit de ces mêmes précautions dans le facrifice de la Vache rouge, immolée & brulée fous l'ancien Teftament ; de laquelle MAIMONIDES, JONATHAN, & d'autres Juifs affurent, que deux poils noirs ou blancs fuffifoient pour la faire rejetter (a). C'eft pourquoi il étoit fi difficile de trouver une Vache, qui reunit toutes les qualités qu'on exigeoit ; & les Anciens regardoient comme une faveur fignalée de Dieu, lorfqu'ils en trouvoient une.

ENFIN, pour conclure ce raifonnement, c'eft peut - être la couleur rouge du vin d'Egypte, qui eft caufe de l'horreur, que lui porte cette nation (b).

SANS

---

[a] MAIMONIDES Tract. de Vacca rufa Chap. 1. n. 2.

MISCHNA Tract. Parah. ch. 2. Sect. 5.

[b] La Couleur rouge du Pourpre & du fruit de la Serpen-

Sans être entiérement convaincu des conféquences que j'ai tiré de ces hypothéfes, j'ai été bien aife de les établir dans cette digreffion, tant parce qu'elles font nouvelles; que parce, que les Indiens ont encore aujourd'hui la fuperftition de donner non-feulement à chaque élément, mais à chaque Dieu une couleur favorite, & fous laquelle il eft conftamment honoré. Ils donnent par exemple à Kenkj la couleur rouge, & ils la repréfentent avec la queuë d'un poiffon; ce qui me fait croire, que comme le poiffon eft le fimbole de Typhon, ou de la Mer en Egypte, ainfi Kenkj eft auffi une Divinité maritime, repréfentée de couleur rouge, qui eft celle, que les Anciens attribuent à tout l'Océan Indien (*a*).

Ce que j'ai avancé fur l'horreur des Egy-

---

pentaire, donna occafion aux Egyptiens de confacrer ces Plantes à Typhon.

Les Manufcrits Cophtes & Arabes de la Biblioth. du Roi, nomment la couleur rouge, *Pauancrp*, c. a. d. couleur du vin.

[*a*] Reland Differtatio de mari rubro.

Egyptiens & des Indiens pour le vin, eſt ſujet à deux différentes objections. On m'oppoſera d'abord le paſſage qui ſuit, tiré de Q. Curce. *Vini omnibus Indis largus eſt uſus (a).* L'autorité de Q. Curce, qui eſt ici en contradiction avec Strabon, n'eſt pas de grand poids ; auſſi n'y aurois-je fait aucune attention , ſi Athe'ne'e & Elien n'aſſuroient pas la même choſe (b); en diſant, qu'Alexandre le grand célébra avec les Indiens , à l'honneur de Calanus des fêtes , où celui, qui buvoit le mieux, remportoit un prix ; d'autres Auteurs ajoutent , que les Indiens ſe ſignalérent dans ces combats d'ivrognes.

J'ai trois choſes à répondre à ces Paſſages. Il eſt poſſible, que le mot de *Vinum* , ou Οἶνος , que les Anciens employent , ne dénote point du vin des raiſins ; mais d'au-

tres

[*a*] Livre VIII. chap. 9.

[*b*] Strabon Livre XV. Nam propter vitæ frugalitatem, & vini abſtinentiam, aut morbi non ſunt — & plus bas, vinum non niſi in Sacrificiis bibunt. Athene'e Deipnoſ. X. 10. 436. Edit. de Caſaubon. Elien Var. Hiſt. II. 41.

tres liqueurs fortes ; du vin des Palmes ; de celui, qu'on fait avec les fruits, du lait, ou d'autres chofes. Car les Egyptiens n'a-voient proprement en horreur que le vin des Raifins ; ils ne haïffoient point les autres boiffons enivrantes, quoique les Indiens d'au-jourd'hui s'en abftiennent auffi. J'avouë, que cette conjecture n'eft pas bien décifive, mais les deux fuivantes ont plus de force.

I l fe peut fort bien, que le vin ne fut en horreur, que parmi quelquesuns de la nation, je veux dire chez les defcendans des Egyptiens, & qu'au contraire, le refte des Indiens, comme les Colons Perfans & Scythes, fuffent ivrognes ; car c'eft le ca-ractère ancien de ces deux nations (a). Il fe peut encore, que les Bramines, feuls exacts imitateurs des Rits Egyptiens, obfer-vaffent foigneufement la deffenfe du vin & des boiffons enivrantes ; tandis que le refte du peuple, quoique defcendu des Egyptiens, adoptoit peu à peu l'ufage du vin, que les Perfans & Scythes lui avoient communi-qué.

P O U R

---

[a] P L A T O N.

P o u r toute preuve de mon opinion, je citerai C l e m e n t *d'Alexandrie*, qui s'exprime en ces termes fur les Philofophes Indiens : *Brachmanes quidem certe neque Animatum comedunt, neque Vinum bibunt* (*a*). Ce paffage, joint à ceux de S t r a b o n rapportés plus haut, ne laiffe aucun doute fur la vérité, que j'ai eu deffein d'établir dans cet article.

J e dois encore m'attendre à une feconde objection qui paroit contraire à mes hypothéfes. B a c h u s, me dira-t-on, qui eft le même qu'O s i r i s, eft le Dieu du vin, il en eft l'inventeur fuivant les Anciens. D'où vient donc, que le vin, qui étoit fa Liqueur chérie, eft en horreur chez les Indiens, qui adorent O s i r i s fous le nom d'I s u r e n ; & parmi lesquels le Culte de B a c h u s a été toujours très-célébre ?

J e répond d'abord, que ce ne font fûrement point les habitans d'Egypte, qui

ont

[*a*] S t r o m a t III. 451.

ont confacré le vin à OSIRIS; nous a-vons vu qu'ils l'attribuoient au monftre TYPHON; ce font donc quelques autres nations, & probablement les Grecs, qui abandonant les fuperftitions de leurs ancêtres, confacrérent cette boiffon à OSIRIS ou BACHUS. Mais quelle pourroit être la raifon, qui les a engagé à confacrer le vin à ce Dieu?

ON peut s'imaginer, que le Soleil, qui eft l'OSIRIS des Egyptiens, eft appellé auteur du vin, parce que les raifins doivent principalement leur accroiffement aux rayons de cet aftre bien faifant, feul capable de faire parvenir le fruit des vignes à fon point de maturité. Cette raifon eft trop générale, il en faut une plus précife; la voici.

LES Egyptiens & leur Dieu OSIRIS, font au raport d'*Herodote* & de DIODORE *de Sicile* les Inventeurs de la Bierre, qui étoit autrefois chez eux fort en ufage (*a*).

On

[*a*] HERODOTE L. 2. 103.

DIO-

On faifoit O s i r i s auteur de cette boiſſon,
parce que l'orge, principal ingrédient de cette compoſition, étoit un fruit dû à la fécondité du Nil, & parce que les Anciens
attribuoient au principal Dieu du pays, ce
qui y étoit le plus commun. Ainſi les
Athéniens conſacroient l'Olivier, qui croiſ-
ſoit en abondance chez eux, à M i n e r v e
leur Déeſſe Protectrice.

O s i r i s, ou B a c h u s diſent les Anciens, apprit partout, où il voyagoit, l'uſage de la bierre; c. a. d. que les Colons
Egyptiens aprirent cette compoſition à tous
les peuples, chez leſquels ils alloient s'établir, & qu'ils leurs diſoient, que c'étoit
une invention & un don de leurs Dieu O s i-
r i s. C'eſt de - là, que cette boiſſon étoit
ſi fort en uſage en Thrace, Colonie Egyptienne; & que c'étoit auſſi, au rapport de
S t r a b o n, la boiſſon favorite des Indiens.

D a n s

D i o d o r e *de Sicile* I. 22.

C a s a u b o n ſur A t h e n e e, I. ch. 22. p. 65.

I. H. M e i b o m i i Diſſertatio de Cereviſiis Veterum.
Dans le Tréſor de Gronovius Tome 9.

Encyclopédie, v. Bierre.

Dans la suite l'ufage du vin commença peu - à - peu à devenir plus commun & plus gouté ; on cherchoit , fuivant la coutume des Anciens , un Dieu auquel il falloit confacrer cette boiffon , & on n'en trouva aucun , à qui cette confécration convint mieux , qu'à Osiris, qui étoit l'inventeur de la bierre, autre boiffon, qui alloit de pair avec le vin.

Les Egyptiens prétendoient , que ceux , qu'un Crocodile avoit entrainé dans le Nil , obtenoient par - là une éfpéce de confécration ; cette mort étoit honorable , on croyoit qu'Osiris les attiroit à foi , & qu'ils alloient jouir de fa compagnie (a). C'eft de - là , que dans le catalogue des Rois Egyptiens , il eft dit des meilleurs & des plus anciens , que le Crocodile les avoit enlevé ; ces termes défignent des funerailles honorables , & fi on veut , une éfpéce d'Apothéofe.

Cette fuperftition fe retrouve chez les Malabares , qui regardént les Crocodiles , comme les Miniftres , dont Jemma, ou

E

Ra-

---

[a] Herodote liv. 2.

R A D A M A N T H E fe fert pour conduire les
défunts à l'autre monde. Les Siamois portent dans leurs proceffions les morts bien-
heureux dans des barques, qui ont la figure
du Crocodile. Les Chinois ornent leurs
Temples des Etendarts qui ont la repréfen-
tation de cet Animal; pour indiquer, à ce
que difent leurs Philofophes, le bonheur &
la joye de l'autre vie. Les Japonois de la
fecte de S I O D O S I U font précéder leurs funerailles de ce même figne. Et les preuves
de l'innocence, que beaucoup d'Indiens font
par les Crocodiles, font peut-être des fuites
de ces mêmes idées Egyptiennes. (a)

C'E S T aux Egyptiens, que les Athéniens
font redevables de leur forme de gouverne-
ment; c'eft à ce même peuple, que les La-
cédémoniens & les habitans de l'isle de Crè-
te doivent leurs fages loix, tant admirées
dans l'Antiquité. Et les Sçavans ont fuffi-
famment prouvé, que le gouvernement des
Indiens, & principalement leur diftinction
en différentes *Caftes*, ou Tribus, eft entiérement

---

[a] K E M P F E R Amœnit. Exot. p. 459.

rement conforme à ce qui étoit en ufage en Egypte (*a*).   On voyoit anciennement aux Indes, fuivant le rapport de STRABON, (*b*) des préfets du Gange, qui diftribuoient également, par le moyen de différens canaux, les eaux de ce fleuve; ainfi, que cela fe faifoit & fe·fait encore aujourd'hui des eaux du Nil.

SANS entrer dans le détail prodigieux des arts & des fciences, que les Egyptiens ont commmuniqué aux Indiens, je vai finir ma Differtation par une conjecture nouvelle, qui paroit mériter quelque attention.

NOUS avons une opinion & une tradition prefque conftante, que les chiffres, dont nous nous fervons aujourd'hui , nous font venus des Indes.   Voici, ce que le favant WACHTER (*c*) dit à ce fujet.   „ *Com-* „ *munis opinio eft ciphras ab Indis repertas*

E 2

„ effe,

[*a*] La CROZE Hift. du Chrift des Indes p. 423.

[*b*] Livre XV. Horum alii curant flumina , alii agrum metiuntur, ut in Ægypto ; & claufis aquis præfunt.

[*c*] Naturæ & Scripturæ Concordia p. 322.

Voiez auffi le R. P. D. Aug. CALMET dans fes recherches fur l'origine des chiffres d'Arithmétique, dans les Mémoires de TREVOUX A. 1707. Septemb. Article 123.

„ *esse , & longo itinere venisse ad Persas ;*
„ *à Persis ad Arabes ; ab Arabibus ad Sa-*
„ *racenos , qui pars Arabum sunt ; a Sarace-*
„ *nis ad Mauros in Africa ; ab his Sec. X.*
„ *ad Hispanos , & reliquas Gentes Euro-*
„ *pæas ; & ideo Artem computandi per ci-*
„ *phras a Græcis* λογιϛικήν ινδικήν *appellari,*
„ *ut Wallisius in Tractatu de Algebra tradit.*

Il est facile, mais en même - tems témé-
raire, de rejetter, comme des fables, avec
les Auteurs modernes ces sortes de traditions. Il me paroit qu'il convient beaucoup mieux de les vérifier, car elles trom-
pent rarement.

Je crois donc qu'effectivement nous devons nos chiffres d'Arithmétique aux Indiens ; de plus, j'avance que les anciens
chiffres & les lettres des Indiens leur ont été
communiqués par les Egyptiens, & consé-
quemment que nous nous servons des mêmes chiffres, qui étoient employés anciennement en Egypte & aux Indes. Soit, que
suivant la coutume des Anciens, ils ayent déjà servi parmi les Egyptiens à l'Arithmétique, comme à l'écriture courante ; soit que
les

les Indiens fuffent les prémiers à les employer à cet ufage, & principalement à ne prendre que neuf lettres de l'Alphabet, en ajoutant le Zéro. Les Egyptiens, auxquels on doit tout ce qui eft grand & beau, n'auroient-ils pas été les inventeurs de cette maniére de calculer? La coutume de compter avec les doigts, ufitée anciennement, les auroit-elle peut-être engagé à s'arretter au nombre de dix, & à préférer ce calcul à d'autres qui é-toient fi non meilleurs, au moins auffi naturels?

On voit dans le Tréfor des lettres de M. *La* Croze la copie d'une partie d'un ancien manufcrit Indien de M. Bayer (a), & dans ce manufcrit il y a des chiffres parfaitement exprimées, & reffemblans à ceux, dont nous nous fervons aujourd'hui; non-feulement les chiffres de ce manufcrit font femblables aux nôtres, ou aux Egyptiens, mais les autres lettres font entiérement les mêmes, que celles de l'écriture courante Egyptienne, telle qu'on la voit dans les monumens de cette nation, que M. Ri-

E 3   GORD

---

[a] Thesauri Epiftol. La Croziani Tom. I. 46.

G O R D *(a) de Montfaucon (b)* & l'illuftre & favant *Comte de* CAYLUS ont publié *(c)*.

C E U X que cette découverte peut intéref-
fer, n'ont qu'à comparer l'Alphabet, dont
le manufcrit Indien de M. B A Y E R eft
compofé, avec les monumens Egyptiens,
que je viens de citer, ils y trouveront une
affinité tout-à-fait furprenante.

C E T T E confidération des reftes de
l'écriture courante ou épiftolographique E-
gyptienne, fuffira pour faire voir · claire-
ment, que dans les monumens Egyptiens
de la plus haute Antiquité, on voit nos
chiffres d'Arithmétique auffi-bien exprimés &
auffi nets qu'on les fait aujourd'hui. Enfin on trouve, quoique pas auffi diftincté-
ment, nos chiffres entre les anciens Hieroglyphes ; Or M. W A R B U R T O N
& M. *le Comte de* C A Y L U S nous ont
appris, que l'écriture courante des Egyptiens doit fon origine & fes caractères aux
Hieroglyphes de cette nation *(d)*.   L A

[*a*] Mémoirès de T R E V O U X A. 1704. p. 978. Art. 89.
[*b*] Antiq. Expliquée. I I. 140.
Supplément.   I I. 54.
[*c*] Receuil d'Antiquités. Tom. I. pl. 21 – 26.
[*d*] Je fuis néanmoins très - porté à croire, qu'avant ces
let-

L a découverte entiére de cet Alphabet demande des morceaux de comparaiſon ; les curieux rendroient un ſervice important aux amateurs de l'Antiquité , s'ils vouloient bien publier les monumens de cette nature , qui pourroient ſe trouver dans leurs Cabinets. C'eſt avec ce ſecours qu'on pourra peut - être expliquer pluſieurs monumens intelligibles juſques ici ; & on attaqueroit par ce moyen l'ancien Alphabet Perſan, qui mérite d'étre recherché & comparé avec celui des Egyptiens.

I l eſt donc vrai , comme P l a t o n (a) l'aſſure , que les Egyptiens ſont les inventeurs des nombres ; & je ne dois pas oublier de remarquer en paſſant , que P y t h a g o r e , qui doit tout aux Egyptiens , a encore eu les mémes chiffres dont nous nous ſervons aujourd'hui , parce qu'il les tenoit de la méme ſource. La *Table de* P y t h a g o r e , & les manuſcrits d'Arithmétique de B o ë c e mettent cette véri-

E 4

té

---

lettres **Alphabétiques** les **Egyptiens** employoient au lieu de chiffres , les lignes horizontales & perpendiculaires , que nous voyons ſur leurs Obéliſques. Voiez B i a n c h i n i , la Iſtoria Univerſale p. 106.

[a] In P h o e d r o 240.

té hors de doute (*a*). Elle pourroit peut-être fe prouver par les dénominations, que PYTHAGORE donnoit à ces chiffres, quoiqu'elles puiffent auffi être expliqués d'une autre façon (*b*). Le dix par exemple, eft appellé *Sphæra* par PYTHAGORE, parce que le Zàro employé pour le dix, eft de forme fphérique. Ce n'eft qu'en doutant, que je hazarde ce raifonnement.

IL eft tems de finir ma Differtation fur la Colonie Egyptienne établie aux Indes. Tout ce que j'ai dit fur l'ancienne & noble extraction des Indiens, eft conforme aux traditions, qui fe font confervées dans ce pays-là. Les Bramines de nos jours fe vantent encore d'être des defcendans des fages & anciens Egyptiens (*c*) ; & je me flatte, d'avoir fait voir dans ce difcours, que cette tradition n'eft pas dépourvuë de probabilité.

F I N.

[*a*] TENTZEL. A. 1693. p. 453.
[*b*] CHALCIDIUS in Timæum.
Meurfii Denarius PYTHAGOR. dans le neuviéme Volume du Tréfor de GRONOVIUS.
[*c*] Hiftoire générale du Mogol par le R. P. CATROU p. 54. Ed. d'Hollande.

MÉMOIRE

SUR

DES CYGNES

QUI CHANTENT;

Par M. A. MONGEZ, Garde des Antiques & du Cabinet d'Histoire Naturelle de Sainte-Geneviève, de plusieurs Académies.

A PARIS,

RUE ET HÔTEL SERPENTE.

1783.

MÉMOIRE*

SUR

DES CYGNES

QUI CHANTENT;

Lu à l'Académie des Sciences le 19 Juillet 1783; & le 29 du même mois, à l'Académie des Inscriptions.

LE chant mélodieux des cygnes, célébré par tant de Poëtes, d'Historiens, & même de Naturalistes, depuis Homère & Hésiode jusqu'à ce jour, n'est-il que le fruit de leur imagination?.... Si au contraire il existe, pourquoi ne l'entendons-nous plus?.... Ce sont deux questions dont on s'est occupé souvent sans fruit, & qu'un heureux hasard, secondé par des recherches, m'a donné lieu d'approfondir.

Elien, qui écrivoit sur l'Histoire des Animaux, sous le règne d'Alexandre Sévère, vers le milieu du troisième siècle, a refusé le chant aux cygnes

---

* Extrait du *Journal de Physique*, Octobre 1783.

A

dans ſon premier Livre (1) : mais dans le ving-
tième, il aſſure, d'après le témoignage d'Ariſtote,
qu'on en avoit ſouvent entendu chanter dans la
mer d'Afrique, & il ajoute qu'il n'en ſauroit parler que ſur le rapport d'obſervateurs étrangers,
n'ayant jamais pu les entendre lui-même. Pline
n'avoit pas été plus heureux, malgré les peines
qu'il s'étoit données pour aſſiſter à leurs concerts (2) : auſſi en nie-t-il l'exiſtence, d'après ſes
propres expériences (3). Hécatée de Milet, cité
par Elien dans ſon onzième livre (4), diſoit
que les cygnes des régions hyperboréennes s'appro-
choient tous les ans des Prêtres & des Muſiciens,
qui célébroient, par des chants & des concerts
d'inſtruments, la fête d'Apollon, & qu'ils joi-
gnoient leurs voix mélodieuſes aux Hymnes ſa-
crés. Lucien cependant, qui ſavoit diſtinguer les
obſervations des Naturaliſtes des récits ſuperſti-
tieux, aſſure, dans ſon Voyage d'Italie, réel ou
ſuppoſé (5), que les cygnes du Pô ne chantoient
pas. Bien loin de célébrer, par de doux accords,

---

(1) Cap. 30.
(2) Lib. 10, cap. 23.
(3) ..... *Falſò, ut arbitror aliquot experimentis.*
(4) Cap. 1.
(5) *Lucianus de electro, ſeu cygnis.*

la mémoire de Phaëton leur ancien ami, comme le croyoient les Grecs, ils ne pouſſoient que des cris déſagréables. Les Habitans des rives du Pô aſſurèrent aux Voyageurs que les corbeaux & les geais pouvoient paſſer pour des ſyrènes auprès d'eux ; il ne leur étoit jamais arrivé de leur entendre chanter rien d'agréable, pas plus que de trouver ſur les peupliers de l'ambre formé par les larmes des ſœurs de Phaëton.

Tant de variations ſur un oiſeau ſi connu en apparence des Grecs & des Romains, ont jetté les Modernes dans une grande perplexité. Morin, de l'Académie des Inſcriptions, a réſolu la queſtion, en diſant que les Anciens ont fait chanter les cygnes, comme ils ont fait parler les bêtes (1). Cette manière de raiſonner meſſiéroit très-fort à un Naturaliſte : auſſi Aldrovande a-t-il ſuivi une marche bien différente. J'en vais donner un apperçu, après avoir fait obſerver que je paſſe exprès ſous ſilence la circonſtance de leur mort, que l'on croyoit être annoncée par des accents mélodieux. On ſait que la plupart des animaux, ſentant leur fin approcher, ſe retirent dans des endroits écartés, & que la nature défaillante ne ſauroit produire de pareils efforts.

____

(1) Mém., tom. V, pag. 207.

Aldrovande obferva le premier, que la trachée-artère du cygne fauvage ne s'inféroit pas au fortir du col immédiatement dans la cavité du thorax, mais feulement après avoir ferpenté dans une cavité du fternum particulière à fon efpèce, à la grue & à quelques autres oifeaux en petit nombre. Il attribue à cette conformation de la trachée, qui en double prefque la longueur, deux ufages différents (1) : l'un de conferver un plus grand volume d'air, pour fournir à la refpiration du cygne, qui plonge & barbote fouvent pendant un quart-d'heure entièr ; l'autre de donner une grande étendue & un grand volume à la voix. Nous ne dirons rien du premier ufage que le cygne domeftique devroit partager avec le fauvage, puifque l'un & l'autre fe comportent de même fur l'eau. Quant au fecond, il devroit être commun à la grue & à tous les oifeaux qui ont la trachée ainfi conformée, fans que leur cri en foit cependant moins défagréable. Tel fera toujours le fort des Naturaliftes qui voudront deviner les caufes finales ; l'erreur deviendra le plus fouvent leur partage.

La ftructure de la trachée du cygne a fait prendre à Aldrovande l'affirmative dans le par-

____

(1) *Ornitholog.*, *lib.* 19 , *cap.* 1.

tage des opinions fur le chant de cet oifeau; il **a** feulement reftreint le chant au cygne fauvage, d'après le témoignage de Frédéric Pendafi & de Georges Braun.

Le premier lui avoit affuré, qu'en fe promenant dans une barque fur le lac de Mantoue, il avoit fouvent entendu le chant mélodieux de certains cygnes. Braun difoit qu'on voyoit fur la Manche, près de Londres, des troupes de cygnes qui voloient au-devant des vaiffeaux, & fembloient féliciter les Paffagers de leur retour, par des chants doux & gracieux. On n'entend plus ce chant des cygnes dans l'Italie; ils font auffi muets fur le lac de Mantoue, que fur 'les bords du Caïftre & du Méandre. Des Voyageurs modernes les ont cherchés en vain fur ces fleuves de l'Afie, d'après les traditions Grecques.

Pour ce qui eft des cygnes Anglois de Braun, Willoughby & Ray fon Commentateur, en ont nié l'exiftence. Cependant, Ray ajoute ces paroles expreffives : « Le nom Anglois *Hooper*, re- » latif au cri perçant, que l'on a donné au cygne » fauvage, annonce qu'il a une voix forte, & qui » peut être entendue de fort loin (1) ». Tranfcri-

____

(1) *Cygnum enim ferum vocem vehementem edere, & quæ à longinquo audiatur, vel ipfum nomen Anglicum*

vons à leur suite un paſſage d'Olaüs Wormius ſur le chant du cygne , & nous aurons ſous les yeux tout ce que les Naturaliſtes des ſiècles précédents en ont écrit. Ceux de notre ſiècle n'ont , pour la plupart , rien laiſſé ſur ce chant , entr'autres M. Briſſon , la première Encyclopédie (1) & Edwards lui-même, à qui nous devons d'ailleurs un très-bon deſſin du cygne ſauvage (2). « Il y avoit , dit Wormius , dans ma maiſon,

---

à clamore & vociferatione inditum , *arguit.* hooper Willughbii Ornithol., lib. 3 , cap. 2.

(1) Tome III.

(2) *Erat in familiâ meâ juvenis honeſtiſſimus D. J. Roſtorphius . . . . . Norwagus natione : hic bonâ fide , interpoſito juramento, ſanctè affirmavit ſe in tractu Nidroſiano, ad littus maris ſummo mane, inſolitum ac ſuaviſſimum audiviſſe murmur , ſibilis ac ſonis jucundis permiſtum ; quod undè & quo pacto excitaretur cùm ignoraret, ſiquidem neminem vidit hujus modulationis autorem , undiquè circumſpiciens & jugum promontorii cujuſdam ſcandens , vidit cygnorum multitudinem infinitam , in ſinu maris vicino conglomeratam , harmoniam hanc modulantem quâ ſuaviorem in vitâ nunquam audivit. Ab Iſlandis quibuſdam meis Diſcipulis percepi , nihil hâc harmoniâ apud ipſos frequentius in iis locis in quibus cygni ſunt. Quod ideò adduo ut præſtantiſſimorum Autorum de hâc cygneâ cantione non vanam eſſe relationem, vel modernis experimentis comprobari conſtet. . . . Muſæum Wormian.,* lib. 3 , cap. 19.

» un jeune homme très-véridique , appellé Jean
» Roftorf. . . . . né en Norwège : il m'af-
» fura, fous la foi du ferment , qu'il avoit
» entendu un jour dans le canton de Nidros ,
» fur le rivage de la mer & de grand matin , un
» bruit extraordinaire & très-agréable , mêlé de
» fifflements & de fons gracieux. Ignorant ce
» qui pouvoit produire ces fons , dont il ne voyoit
» point la caufe , il monta fur un promontoire
» élevé , & apperçut dans un petit golfe voifin
» une multitude innombrable de cygnes , qui
» rendoient ces fons mélodieux & les plus flat-
» teurs qu'il ait jamais entendus. J'ai appris , con-
» tinue Wormius , de plufieurs Irlandois mes
» Difciples , que l'on entendoit fouvent cette
» harmonie dans les endroits fréquentés par les
» cygnes. J'ai rapporté , ajoute-t-il encore , ces
» différents témoignages , afin de montrer , par
» des expériences modernes , que tant d'Au-
» teurs illuftres ne s'étoient pas trompés en
» parlant du chant des cygnes ».

Les Ornithologiftes en ont diftingué deux efpèces ; *cygnus manfuetus* , le cygne domeftique ,
fwan des Anglois ; & le cygne fauvage , *cygnus
ferus* , en Angleterre , wid-fwan ou hooper. Le
principal caractère qui les diftingue l'un de l'autre
eft l'infertion , & la plicature de la trachée-artère

dans une cavité particulière du sternum , avant son introduction dans celle du thorax. Aldrovande qui les avoit découvertes , les crut communes aux deux espèces. Ray ayant disséqué des individus de l'une & de l'autre , n'a trouvé la trachée ainsi repliée que dans le cygne sauvage. M. Daubenton a confirmé cette observation sur le cygne sauvage ; mais n'ayant jamais disséqué de cygne domestique , ce savant Naturaliste n'assure pas que ce caractère lui appartienne ainsi qu'au cygne sauvage. Ray , comme nous l'avons vu , le lui refuse constamment , d'après des dissections multipliées des uns & des autres. On peut l'en croire , & établir pour caractère distinctif intérieur du cygne sauvage , l'insertion & la plicature de la trachée-artère dans le sternum.

Le bec offre un caractère extérieur qui a été parfaitement saisi , quoiqu'il se détruise après la mort par le desséchement , comme on s'en apperçoit sur le cygne sauvage du cabinet du Roi. Dans le cygne domestique , la base du bec est recouverte jusqu'à l'œil d'une peau noire , tandis que le reste du bec est rougeâtre. Dans le cygne sauvage au contraire , la pointe du bec est noire , & la base jusqu'à l'œil est très - jaune. Willoughby , Ray & plusieurs autres , disent que le plumage du cygne sauvage est mêlé de gris , fur-tout vers les aîles & le manteau. M. Briffon, dans fa defcription du cygne fauvage, faite fur un individu du Cabinet de Madame de Bandeville, dit que ce cygne eft entièrement blanc, comme le cygne domeftique. Edwards eft du même avis, feul conforme à la vérité; mais tous s'accordent à repréfenter le cygne fauvage comme plus petit & plus léger que les cygnes de nos canaux; ce qui n'eft pas vrai. . . . . Voilà, dans la plus grande exactitude, tout ce qu'on a écrit fur les cygnes jufqu'à ce jour. Je vais à préfent rapporter mes obfervations particulières.

Ayant appris, il y a quelques mois, que l'on confervoit à la Ménagerie de Chantilly une efpèce de cygne chantant, je priai un de mes Confrères, qui demeure à Senlis (1), de prendre fur eux des renfeignements. Il m'en envoya de très-fatisfaifants, qui me firent naître l'envie de les voir & de les entendre chanter, afin d'en donner une defcription étendue. Je me rendis à la Ménagerie de Chantilly le 13 Juillet, & les ayant longtemps examinés avec un des Infpecteurs (M. l'Ecailler), je recueillis les remarques & les obfer-

____

(1) M. Egreffet, Prieur de l'Abbaye de Saint-Vincent : il tenoit ces renfeignements de M. Thouvenin, un des Infpecteurs de la Ménagerie.

vations qu'il me communiqua avec la plus grande complaifance.

En 1740, un cygne, de l'efpèce du cygne fauvage, s'abattit fur le grand canal de Chantilly, y fut pris & confervé pendant trois ans, après lefquels il mourut. La grande jeuneffe de l'Infecteur à l'inftant de cette mort, l'a empêché d'en conferver un fouvenir diftinct. En 1757, un pareil, âgé de trois ans, fe fixa fur le canal avec les cygnes domeftiques, y vécut pendant fix ans. Après ce temps, il les abandonna de lui-même, & fe tranfporta dans un baffin qui eft placé au milieu de la Ménagerie, & qui eft appellé le baffin de la colonne, à caufe d'une colonne de porphyre élevée dans le milieu de cette pièce d'eau. Un coup de tonnerre le tua en 1774; de forte que ces deux premiers n'ont point été obfervés, ou l'ont été fi mal, que nous ne les rappellerons plus dans ce Mémoire. Le chant de celui que la foudre écrafa, attira, pendant le rigoureux hiver de 1769, les deux cygnes chantants actuellement vivants, mâle & femelle. Ils fe posèrent fur le canal, où on les reconnut auffi-tôt pour des cygnes étrangers, à la couleur jaune de la bafe de leurs becs. On chercha à les prendre, en leur jettant du grain, comme aux autres cygnes: ils s'accoutumèrent à le manger; & après quelques jours, ils s'approchèrent des personnes qui nourrissent ces oiseaux. Alors on jetta du grain sur l'eau du canal ; sa pesanteur le précipita au fond, & les deux cygnes étrangers plongèrent la tête & le corps pour le ramasser. Cet instant fut saisi avec diligence, & on prit leurs pieds dans des nœuds coulants. Ils étoient âgés de trois ans à-peu-près ; c'est-à-dire, qu'ils n'avoient plus de duvet gris, & n'offroient qu'un plumage entièrement blanc.

Les ayant mis seuls dans le bassin de la colonne, on leur coupa, jusqu'à la peau, neuf plumes des aîles. Malgré cette opération, ils profitèrent d'un coup de vent pour s'élever au-dessus de la haie qui séparoit leur bassin du grand canal, où ils se mêlèrent avec les autres. Il fallut recourir aux amorces & aux nœuds coulants pour les reprendre. Voulant les fixer seuls dans le bassin de la colonne, l'Inspecteur de la Ménagerie les fit *éjointer* ; c'est-à-dire, qu'avec des tenailles rougies au feu, on leur abattit le fouet des aîles. Depuis ce moment, ils n'ont plus quitté la colonne : sans être familiers, ils se laissent approcher par l'Inspecteur, & prennent de sa main des laitues & d'autres herbages. On leur a donné à Chantilly le nom de *cygnes pâles*, à cause de la peau jaune qui recouvre la base de leur bec, &

on les y appelle simplement *les pâles.*

Ces deux cygnes firent, en 1779, une première couvée de six œufs, dont il naquit un seul petit, mâle, actuellement vivant. Ce jeune individu, parvenu à l'adolescence, rechercha la compagnie des oies & des canards femelles ; mais il en fut rebuté. Il a conservé depuis cette époque une si forte antipathie pour les canards, qu'il court sur eux, & veut les tuer. Il a l'air fort triste : cette mélancolie étoit peut-être produite par un accident qui le faisoit boiter depuis quelques jours. En 1780, ses père & mère firent leur seconde couvée de sept œufs. Quatre petits vinrent à terme, mais ils vécurent peu de jours. La troisième ponte de 1781 fut aussi nombreuse & aussi malheureuse ; les cinq petits qui vinrent seuls à éclore, moururent bientôt. Celle de 1782 a bien réussi ; il en est sorti quatre jeunes cygnes, qui sont bien portants, & couverts d'un duvet gris cendré, plus clair que le gris des jeunes cygnes domestiques ; ils sont aussi plus forts & plus gros que les jeunes du canal, leurs contemporains. L'Inspecteur croit les reconnoître pour deux mâles & deux femelles, & il pense qu'ils seront plus gros & plus forts que leur père & mère.

Ceux-ci ont, comme le cygne sauvage, la base du bec jaune & la partie cornée noire. La pointe du bec eſt beaucoup plus effilée que dans le cygne domeſtique. Le tubercule qui eſt placé à la baſe du bec de ce dernier, eſt entièrement oblitéré dans les cygnes qui chantent, comme le repréſentent auſſi les deſſins de Willoughby & d'Edwards; leur col eſt plus délié, & paroît n'avoir que la moitié de la groſſeur du col des cygnes domeſtiques, ce qui leur donne une grace ſingulière. L'envergure des cygnes chantants eſt plus grande, les plumes plus groſſes, la taille plus haute, le col plus long de quatre doigts, & les genoux plus élevés de ſix lignes au moins que dans le cygne domeſtique. Quand ils nagent, ils ne balancent point leur tête & leur col comme les autres, dont le mouvement reſſemble à celui des barques; mais ils paroiſſent immobiles, & fendent l'eau comme un vaiſſeau. L'Inſpecteur qui avoit examiné, ſans diſſection anatomique, les ſquelettes des deux premiers morts, leur a conſtamment trouvé les os plus gros; il en conclut que les cygnes chantants doivent voler beaucoup mieux & plus long-temps que les autres.

L'expérience a confirmé ce ſoupçon; car nous les avons déjà vu s'élever pardeſſus des haies, pour rejoindre les cygnes du canal, quoiqu'on leur eût coupé neuf plumes des aîles: d'ailleurs ils

volent bien au-delà de la portée du fuſil, & s'élèvent à la plus grande hauteur. Leur chant, dont
je parlerai tout-à l'heure, les fait diſtinguer dans les
airs à cette élévation. Tout le monde ſait en effet
que le cygne domeſtique, poſé ou volant, ne
fait entendre aucun cri ; il rend ſeulement un ſon
étouffé & auſſi foible que le roucoulement des
pigeons, lorſqu'il eſt moleſté, ou qu'il appelle
ſa femelle. Le chant en fit reconnoître cinq qui
paſsèrent au-deſſus de Chantilly, & s'y arrêtèrent
quelques heures pendant l'hiver de 1768. Cette
famille étoit compoſée du mâle, de trois petits
& de la femelle ; ils voloient dans l'ordre où je
viens de les énoncer. Le mâle alloit le premier,
à la diſtance de 80 à 100 toiſes ; il ſembloit indiquer la route aux autres ; il étoit ſuivi par les petits, qui paroiſſoient n'avoir que deux ans, n'é-
tant pas encore tout blancs ; la femelle fermoit
la marche. Toutes les eaux de Chantilly étoient
gelées, à l'exception d'une petite portion du canal,
où elles ſont vives & très-coulantes ; ce fut là
que s'abattit la caravane, preſſée par la ſoif. Le
mâle s'approcha de l'eau courante avec précau-
tion, en but ; & par un petit cri étouffé, répété
pluſieurs fois, *couq*, *couq*, *couq*, il invita ſa famille à ſe déſaltérer ſans crainte : elle lui obéir,
& le mâle fit le guet pendant ce temps-là. Dès

qu'un objet nouveau ou effrayant frappoit fa vue
ou fon ouie, il avertiffoit la troupe par fon chant or-
dinaire & perçant, & ils s'enfuyoient de concert;
de forte qu'on ne put jamais les joindre, &
qu'ils difparurent après quelques courtes fta-
tions.

Cette vigilance & cette tendreffe pour leurs
petits, les rendent d'un accès difficile. Dans les
premiers jours où les petits actuellement vivants
furent éclos, les père & mère chaffoient loin
d'eux, & battoient même leur premier enfant,
âgé de trois ans, qui vit feul & trifte. Ils ont
cependant fouffert depuis quelques canards dans
leur baffin. Le jeune cygne n'a pas la même complaifance pour ces oifeaux, & il les pourfuit fouvent avec colère. On plaça, il y a quelques années, une oie du Canada dans le baffin de la colonne avec les cygnes chantants; ce fut une fource
perpétuelle de difputes & de combats. L'oie du
Canada, dont les aîles n'avoient point été ro-
gnées, attaquoit le cygne mâle avec avantage;
il voloit & fondoit fur lui: celui-ci fe défendoit
vigoureufement; mais ne pouvant s'élancer hors
de l'eau, il combattoit toujours avec un défa-
vantage marqué. Il eut enfin l'adreffe de faifir,
avec le bec, le col de fon ennemi: il l'attira
vigoureufement à lui; & le plongeant dans l'eau

à plusieurs reprises, il cherchoit à l'étouffer. On
s'apperçut de cette manœuvre meurtrière , & on
dégagea l'oie de Canada. Celui - ci fut si hon-
teux de sa défaite , qu'il s'enfonça sous des pierres
qui sont placées en saillie autour de la colonne.
Il fallut l'en arracher de force, pour le transpor-
ter ailleurs. Ce combat fait connoître la force extraordinaire du cygne chantant, qui contenoit
l'oie malgré sa défense , quoiqu'un homme ait
de la peine à retenir ce palmipède. Un cygne
domestique n'en seroit jamais venu à bout ; j'ai
même vu celui - ci battu & blessé par le cygne
chantant , dans les expériences faites par les ordres
& sous les yeux de S. A. S. Monseigneur le Prince
de Condé & de MM. les Députés de l'Académie
des Inscriptions.

Voilà assez de caractères particuliers pour faire
distinguer le cygne chantant du cygne domestique.
Il en est cependant encore un mieux prononcé,
c'est le chant. On employa , pour me le faire
entendre , un stratagême bien imaginé. On ap-
porta une oie domestique, & on la posa sur le
gazon qui entoure le bassin de la colonne. A
peine cet oiseau eut il touché la terre , que les
cygnes s'avancèrent fièrement à la file l'un de
l'autre , le mâle le premier , pour combattre ce
nouvel hôte. Ils approchèrent de lui lentement,

en

en enflant leur col , lui donnant un mouvement
d'ondulation semblable à celui des reptiles , & ren-
dant des fons étouffés. La fcène alloit être enfan-
glantée , lorfqu'on reprit l'oie par les aîles , &
on l'emporta hors de l'enceinte : alors les deux cygnes fe placèrent vis-à-vis l'un de l'autre,& fe dref-
sèrent fur leurs jambes , étendirent leurs aîles,
élevèrent la tête , & fe mirent à chanter leur prétendue victoire à plufieurs reprifes. Pendant ce
temps , ils avoient l'air de fe pavaner , de fe
donner des graces , à peu-près comme le pigeon
mâle fait auprès de fa femelle. Ils marquent
chaque ton par une inflexion de tête. Leur chant
eft compofé de deux parties alternatives très-
diftinctes. Ils commencent par répéter à mi-
voix un fon pareil à celui qui eft exprimé par ce
monofyllabe, *couq* , *couq* , *couq* , toujours fur le
même ton : on l'entendoit à peine à cinquante
toifes. Ils élèvent enfuite la voix, en fuivant,
felon l'obfervation de M. l'Abbé Arnaud , les
quatre notes MI , FA ; RE , MI , dont les deux
le mâle ;   *la fem.*
premières font du mâle , & les deux autres de la
femelle.

Quoique leur chant ait quelque analogie, pour
la qualité du fon, avec le cri déchirant du paon,
il ne laiffe pas de plaire à l'oreille. Je ne me

B

laſſois point de l'entendre, & je le leur ai fait re-
commencer trois ou quatre fois par le même ſtra-
tagême. Il eſt étonnant que ce chant ſoit agréable ; car il eſt ſi perçant, qu'on l'entend le ſoir
de la butte d'Apremont, monticule éloignée d'une
lieue de la Ménagerie. Le fait m'a été atteſté,
non-ſeulement par l'Inſpecteur & autres prépoſ-
ſés à la Ménagerie, mais encore par des Habitants de Chantilly. Les cygnes font entendre leurs
voix le matin, le ſoir, & lorſqu'ils ſont affectés de
quelques ſenſations fortes ou extraordinaires : auſſi
eſt-elle plus mélodieuſe dans le printemps, ſai-
ſon de leurs amours. Je ne les ai entendus que
dans ce mois (Juillet), au commencement de la
mue, criſe qui rend les oiſeaux plus ou moins
malades ; & j'ai trouvé encore agréable ce chant,
que je leur ai fait ſouvent répéter. Mon Con-
frère, qui avoit examiné ces cygnes quinze
jours auparavant, à ma prière, m'en écrivoit en
ces termes.... « Ils ont réellement des ſons de
» voix très-melodieux & très-juſtes.... Ce qu'il
» y a de ſûr, ajoutoit-il encore, c'eſt que les
» ſons de voix ſont très-doux, & doivent l'être
» encore davantage, quand ils ne ſont point for-
» cés à chanter une victoire, encore tout émus
» du danger qu'ils ont cru appercevoir ».
Pluſieurs Curieux & Etrangers, à qui les Inſ-

pecteurs de la Ménagerie les ont fait entendre depuis que je leur ai appris l'intérêt que l'on pouvoit y prendre, ont été furpris de la force & de la douceur de ce chant. Il eft moëlleux, & remplit flatteufement l'oreille. Obfervons encore que la femelle ne commence à chanter que quelques fecondes après le mâle : tel eft un Muficien, qui, voulant accompagner une première voix, obferve des filences ; celle-ci d'ailleurs n'a pas la voix auffi forte que le mâle : elle ne m'a pas paru chanter à l'uniffon, mais un ou plufieurs tons plus bas. Le mâle chante d'abord *mi*, *fa* ; & pendant qu'il pourfuit *re*, *mi*, elle commence *mi*, *fa*, & toujours de même ; ce qui produit un accord qui doit être agréable, quand une troupe nombreufe de cygnes eft réunie & chante, en même temps. Au refte, ce chant n'eft pas auffi varié que celui des oifeaux chantants ; mais il l'eft un peu, & principalement dans la dernière note, fur laquelle ils font une longue tenue. La nuit pendant laquelle les petits, actuellement vivants, fortirent des œufs, fut célébrée par des chants très-variés & très-fréquents ; de forte que l'Infpecteur les entendant, dit à fa femme qu'il étoit fûrement arrivé aux cygnes quelque événement extraordinaire. Il les trouva effectivement à la pointe du jour accompagnés de plufieurs petits.

B 2

Après ce récit fidèle de mes observations, j'examinerai bientôt à quelle espèce de cygne on doit rapporter le cygne chantant, & quelle est sa patrie. Quant à la nomenclature, je crois, après un mûr examen, qu'on peut l'associer au cygne sauvage, & n'en faire qu'une seule & même espèce. J'avoue que ma première idée étoit de le placer seul en troisième ligne, parce qu'ayant la base du bec jaune comme le cygne sauvage, il n'est cependant pas gris comme lui, mais tout blanc comme le cygne domestique. Le cygne chantant est d'ailleurs plus haut & plus gros que ce dernier, & tous les Ornithologistes s'accordent à représenter le cygne sauvage comme plus mince & plus petit que le cygne domestique. On explique facilement ces apparentes variétés, en observant que les cygnes sauvages décrits par ces Auteurs, & qui étoient des individus isolés ou égarés par des coups de vent, marquoient encore; c'est-à-dire, qu'ils étoient jeunes, & avoient encore des plumes grises. Tel est celui du Cabinet du Roi. L'individu du Cabinet de Madame de Bandeville, décrit par M. Brisson, & celui d'Edwards, sont tout blancs, ainsi que les cygnes chantants de la Ménagerie de Chantilly.

Nous avons vu que Ray accordoit au cygne sauvage une voix forte & un cri perçant; ce qui prouve qu'il en avoit entendu parler vaguement : du moins ce paſſage nous autoriſe-t-il à ne faire qu'une ſeule eſpèce du cygne ſauvage & du cygne chantant. Lorſqu'on pourra diſſéquer quelqu'un de ces derniers, on verra ſi ſa trachée-artère eſt conformée comme celle du cygne ſauvage ; ce ſera la vraie caractériſtique, & le temps la fera connoître. En attendant, ſi l'analogie peut être de quelque utilité dans l'Hiſtoire Naturelle, elle nous porte à croire que le cygne chantant doit avoir la trachée-artère repliée dans une cavité particulière du ſternum ; car M. le Prince Baratinski a obſervé qu'ils portent, en nageant, la tête beaucoup plus en arrière que les cygnes domeſtiques. D'après toutes ces conſidérations, on ne peut encore établir que deux eſpèces de cygnes, le cygne domeſtique, & le cygne ſauvage, auquel ſe joint & avec lequel ſe confond le cygne chantant.

On eſt plus embarraſſé ſur la patrie qu'on doit aſſigner à ce dernier. Les anciens Naturaliſtes n'ayant jamais diſtingué deux eſpèces de cygnes, ne peuvent nous donner aucune lumière ſur cet objet, à moins qu'on ne les entende par-tout du cygne ſauvage, parce qu'ils parlent toujours du chant des cygnes. Nous trouverions alors que cet oiſeau auroit autrefois habité les pays chauds ;

car le Caïftre & le Méandre font des fleuves
d'Afie, & le Pô eft en Italie. L'Infpecteur de la
Ménagerie, qui m'a donné tant de renfeignements
fur les cygnes chantants, pencheroit pour cette
opinion ; il croit en effet que la Corfe, ou d'autres contrées méridionales font leur patrie. Pour
moi, je ne faurois être de cet avis, parce que
le cygne fauvage eft fûrement un oifeau de paffage, & qu'il eft inoui de voir des oifeaux quit-
ter les pays chauds pour aller dans les climats
froids pendant l'hiver. Habite-t-il les régions
feptentrionales . . . .? Le paffage d'Olaüs Wormius le feroit croire ; cependant Pontoppidan ,
dans fon Hiftoire de la Norwège, dit que les
cygnes qu'on y apperçoit font étrangers à cette
contrée.

M. de Troïl, dans fes Lettres fur l'Iflande (1),
affure pofitivement que les cygnes habitent cette
Ifle ; qu'ils y pondent , & qu'ils l'abandonnent
pendant l'hiver, à l'exception de quelques pareffeux
ou traîneurs, & des petits , qui ne quittent point
dans l'année le lieu de leur naiffance. « Le chant
» des cygnes, ajoute-t-il, eft, à ce que l'on prétend,
» des plus agréables dans les nuits froides & noi-
» res de l'hiver ; mais il ne nous a point paru

---

(1) Page 130 , Trad. Franç.

» tel au mois de Septembre ». Cette obſervation eſt conforme à ce que j'ai dit plus haut du temps de la mue, où la voix de la plupart des oiſeaux s'affoiblit & ſe perd même dans certaines eſpèces.

Le réſultat de ce Mémoire eſt donc, que le cygne ſauvage habite les pays ſeptentrionaux; que ceux de cette eſpèce conſervés à la Ménagerie de Chantilly, ont un chant; & que les Anciens ne ſe ſont pas trompés en parlant du chant du cygne. Ils ont erré ſeulement, en attribuant à tous les cygnes indiſtinctement la faculté de chanter, qui eſt particulière aux cygnes ſauvages. Enfin, on appréciera aiſément, d'après nos obſervations, les hyperboles des Poëtes, qui ont eu dans la Nature une baſe réelle.

«══════════»

J'avois terminé ici mon Mémoire (1) ignorant ſi cette ſavante Compagnie agréeroit l'empreſſement que j'avois témoigné à ſoumettre mes obſervations à ſes lumières. Aſſuré aujourd'hui de ſa bienveillance, je crois devoir lui témoigner ma reconnoiſſance, en redoublant d

---

(1) Cette Addition n'a été lue qu'à l'Académie des Inſcriptions.

zèle. Jé la supplie. donc de m'accorder encore son attention pour quelques inftants. Ayant retrouvé le cygne chantant ; & ayant étudié fes mœurs, je dois, pour rendre aux Anciens la juftice qui leur eft due, appliquer ces notions à leurs Ecrits, & en rétablir le véritable fens.

Cherchons d'abord pourquoi le plus grand nombre des Auteurs qui ont fait chanter les cygnes, entre lefquels on compte Héfiode, Homère, Efchyle, Euripide, Théocrite, Platon, Callimaque, Ariftoté, Antipater, Cicéron, Virgile, Lucrèce, Ovide, &c. &c., ont fixé, au moment du trépas, cette faculté des cygnes. Nous avons déjà obfervé en général, que les Anciens n'en diftinguoient pas de deux efpèces. Ariftoté (1) feul parle, en deux endroits de fon Hiftoire des Animaux, de cygnes qui vivoient en fociété, à l'exclufion fans doute d'une efpèce folitaire. On ne connoît point encore cette farouche efpèce, qui a été appellée par quelques Grecs ἄσοργοι, ἀλληλόκτονοι, ἀλληλοφάγοι, fans tendreffe pour leurs petits, s'entre-tuant & fe mangeant les uns les autres; car on ne fauroit donner ces qualités odieufes au cygne fauvage. Bien loin de tuer fes petits, il les défend vigoureufement, comme je l'ai dit

______

(1) *De Animal.*, *lib.* 1, *cap.* 4, *& lib.* 8, *cap* 12.

plus haut. Ce même cygne d'ailleurs a vécu long-temps avec les cygnes domeſtiques. On ne peut donc pas entendre le paſſage d'Ariſtote du cygne ſauvage, mais d'une autre eſpèce qui nous reſte encore à découvrir. Pindare l'avoit appellée, avant Ariſtote, oiſeau féroce ; mais Ovide l'a vengée par l'épithète *innocuus*. Euripide avoit plus fait encore pour ce volatile, calomnié ſi injuſtement ; il a comparé, dans ſon Electre, les cris de cette infortunée fille d'Agamemnon, au chant plaintif du jeune cygne, qui pleure ſon père arrêté dans des piéges meurtriers.

Il paroît, par la variété des opinions que les Anciens ont eues ſur les mœurs du cygne, qu'ils l'avoient mal obſervé, ou plutôt que le cygne ſauvage ou chantant étoit très-rare dans leurs contrées. Ils ne l'avoient pas apperçu ſouvent. Voulant donc concilier l'ancienne tradition du chant des cygnes avec le ſilence des cygnes qui vivoient dans leurs canaux, & des individus ſauvages reconnus par hazard & très-mal étudiés, ils aſſurèrent qu'ils ne chantoient qu'à l'heure de leur mort, & dans des endroits retirés où ils n'avoient pas même d'autres oiſeaux pour témoins de leur trépas. Ce ſont les propres termes d'Oppien (1).

____

(1) *De Venatione.*

Il étoit difficile de combattre cette manière d'expliquer l'ancienne tradition : on se feroit efforcé en vain de suivre le cygne mourant dans le creux des rochers, ou au travers de déserts impraticables ; quoique dans Athenée (1), Alexandre Myndien assure le contraire, d'après sa prétendue expérience. Le cygne d'ailleurs vit si long-temps, qu'on lui attribue jusqu'à trois siècles de vie, & qu'il est très-rare d'en voir mourir.

Le phénomène qui l'excitoit à chanter dans ce moment fatal étoit encore plus surprenant. On disoit que les plumes de sa tête prenoient un accroissement subit en dedans du crâne, & qu'en déchirant son cerveau, elles lui arrachoient par la force de la douleur ces sons mélodieux. Ovide a chanté cette merveille :

> . . . . . . *Veluti canentia dura*
> *Trajectus penna tempora cantat olor.*

Au reste,

> . . . . . *Nec soli celebrant sua funera cygni.*
> (Stace, lib. 2, Sylv.)

Le perroquet, selon lui, & l'éléphant selon

____

(1) Lib. 9.

Oppien , pleuroient leur mort prochaine. Les Anciens attribuèrent auſſi cette propriété à l'oiſeau de Vénus , & cherchèrent à juſtifier , par cet innocent ſubterfuge , la tradition conſtante du chant des cygnes. Les Auteurs modernes ont été moins réſervés ; ils en ont nié formellement l'exiſtence. Nous voyons aujourd'hui combien a été nuiſible cette facilité à nier tout ce que nous n'avons pas encore retrouvé ; l'indulgence & la réſerve dont les Anciens ont uſé vis-à-vis leurs prédéceſſeurs , devroient nous ſervir de modèle : mais que nous ſommes éloignés de les imiter ! *Heroum filii , noxæ.*

Les Anciens avoient mieux connu la nature de ce chant célèbre , que les époques auxquelles on pouvoit l'entendre. Le cygne ſauvage ſeul entre les oiſeaux aquatiques, a un chant remarquable par ſa force. Héſiode avoit connu cette force, qui le faiſoit reſſembler au ſon des inſtruments à vent. Il dit, dans le Bouclier d'Hercule, que les cygnes s'élevant très - haut dans les airs , faiſoient entendre une forte voix : Κύκνοι ἀεροιπόται μεγάλ' ἤπυον; *Cycni alti volantes magnum clangebant.*

Lucrèce & pluſieurs autres Poëtes l'ont comparée expreſſément au ſon des clairons & de la trompette ; & c'eſt ainſi que je l'ai entendue moi-même. Ariſtophane, en qualité de Poëte comique,

s'eſt cru permis de parodier ridïculement la Nature , comme il avoit fait de la vertu. Il exprime
le chant de tous les cygnes indiſtinctement par les
monoſyllabes ſifflants , *tio* , *tio* , *tio* , *tio tinx.*
Virgile a auſſi appellé les cygnes *rauci* :

Dant ſonitum rauci per ſtagna loquacia cygni.

Mais ce ſage Poëte a voulu parler du cygne
domeſtique ; car il fait en cent endroits divers l'é-
loge du chant des cygnes en général. Il n'y a donc
rien à réformer dans les Ecrits des Anciens ſur
ſa nature ; ils en avoient des notions ſûres &
préciſes.

Les Grecs, qui avoient tant puiſé chez les Egyptiens , les avoient peut-être reçues d'eux. Orus-
Apollo nous apprend que le cygne étoit ſur les
bords du Nil l'emblême de la muſique & des Muſiciens. D'après cette allégorie hiéroglyphique ,
Pauſanias a pu dire que la muſique faiſoit la
gloire du cygne : Κύκνῳ τῷ ὄρνιθι μουσικῆς εἶναι δόξαν ;
& Callimaque a pu l'appeller l'oiſeau des Muſes ,
Μουσάων ὄρνιθες.

C'eſt à ce titre ſans doute qu'il fut conſacré à
Apollon , le Dieu de la Muſique. Selon Homère,
dansſon Hymne à l'honneur de ce Dieu , le cygne
qui jouit ſur les ondes du Pénée , chante Phébus,
& fait retentir les échos des louanges du fils

de Latone. Quelques Poëtes ont même attaché les cygnes au char de ce Dieu, comme à celui de Vénus. Les Artiftes devroient employer cette ingénieufe allégorie, lorfqu'ils veulent repréfenter le conducteur des Mufes, ou le génie qui infpire les Pythies, les Devins, les Hyérophantes & les Muficiens; car on a dit auffi que le cygne ne chantant qu'au moment de fon trépas, avoit la faculté de prévoir l'avenir, & qu'en cette qualité il étoit confacré à Apollon. Que les Sculpteurs & les Peintres réfervent donc au foleil le char brillant de rubis & de topazes, les nuages dorés, les rayons de lumière, & les courfiers aux nazeaux embrafés ; mais que le paifible Apollon Mufagète, que la douce & bienfaifante Divinité de Délos, foient portés fur un char fimple & modefte, & traînés par les chantres mélodieux du Caïftre & du Méandre.

Leur confécration à Vénus, & l'agréable fonction de conduire en tout lieu la mère des Amours, ont été célébrées par les Poëtes anciens & modernes. Boccace (1) en a cherché la caufe dans les jouiffances phyfiques. Sans revenir fur des tableaux que la décence éloigne, ne trouveroit-on pas plus naturellement cette caufe dans

____

(1) *Genealog. Deor.*

les graces que les cygnes déploient en chantant ? Celle qui possède la ceinture des Graces, la Déesse qui a confié le soin de ses atours à ces trois Divinités, doit attacher à son char des oiseaux qui joignent la beauté des attitudes à la douceur du chant. Vespasien Stroza, Poëte Italien , les a peints avec autant de fidélité que d'élégance dans les vers suivants :

« *Cantantes pariter , pariter plaudentibus alis ,*
» *Aërias cycni corripuêre vias* ».

Vénus d'ailleurs est née du sein de l'onde , & les cygnes habitent cet élément de préférence aux autres ; c'est pourquoi on les lui a consacrés. De-là ces volatiles sont devenus d'un bon augure. La Déesse de Chypre les montre à Enée , après la tempête qui avoit dispersé ses vaisseaux , pour le rassurer sur leur sort :

« *Aspice bis senos lætantes agmine cycnos ;*
» *Ut reduces illi ludunt stridentibus alis ,*
» *Et cœtu cinxére polum , cantusque dedére :*
» *Haud aliter puppesque tuæ , pubesque tuorum ,*
» *Aut portum tenet, aut pleno subit ostia velo* ».

(Lib. I , Æneid.)

Virgile est, dans ce bel endroit, conforme à

la tradition, ainſi que nous l'apprennent deux vers cités par Servius :

« *Cycnus in auguriis Nautis gratiſſimus ales,*
» *Hunc optant ſemper, quia nunquam mergitur undis* ».

La hauteur du vol du cygne ſauvage a été parfaitement connue des Anciens. Nous avons vu plus haut Héſiode l'appeller ἀεροπόλη; Virgile dit de Varus , que doivent chanter les Poëtes :

« *Cantantes ſublime ferent ad ſydera cycni* ».

Quand on découvrira quelque troupe nombreuſe de cygnes ſauvages, on vérifiera ce que Pline a écrit de leur manière de voler. Il aſſure que la troupe ſe forme toujours en angle, comme le bataillon des Romains , appellé *cuneus*. Les grues, les oies ſauvages & autres eſpèces voiſines du cygne, cherchent, par cette forme aiguë, à fendre l'air avec plus de facilité. Sans doute que celui-ci aura été également guidé par ſon inſtinct à voler en bataillon aigu : mais ce ſeroit trop accorder à cet inſtinct, que de dire du cygne, avec Ovide (1) :

« . . . . . . *Nec ſe cœloque, Jovique*
» *Credit, & injuſtè miſſi memor ignis ab illo,*

---

(1) Métam. II.

» *Stagna petit, patulofque lacus, ignemque perofus*
» *Quæ colit, elegit contraria flumina flammis* ».

Au refte, la mort du cygne fauvage de Chantilly, écrafé par la foudre en 1774 fur les bords du baffin de la Ménagerie, auroit démenti ce Poëte, fi l'on pouvoit croire qu'il eût dit férieufement que le cygne habitoit les endroits marécageux, pour éviter le tonnerre.

Dans quelle contrée étoient fitués ces endroits marécageux, recherchés du cygne chantant ? Les Anciens en nommoient plufieurs. Ils parlent des bords du Caïftre, du Méandre, du Strymon, du Pô, de la Charente dans les Gaules, de l'Océan, de la mer d'Afrique, de l'Ifle de Paphos, &c. &c. Appliquons à tous ces lieux divers ce que Pline a dit du paffage des cygnes en général. Après avoir parlé des cicognes, il avoue qu'on ignore l'endroit précis de leur retraite, & il ajoute (1) : *Simili anferes & olores ratione commeant.*

C'eft ainfi qu'à l'aide de recherches auffi agréables qu'utiles, j'ai retrouvé dans les Ecrits des Anciens, prefque tout ce que l'obfervation m'a appris du cygne chantant. Ce chant des çygnes,

____

(1) Lib. 10, cap. 22.

ce

ce fameux κύκνειον ἄσμα, qui étoit paſſé en proverbe,
ne ſera plus révoqué en doute : les Anciens ſont
vengés. Puiſſe ce ſuccès encourager les Naturaliſtes modernes à éclairer du flambeau de l'obſervation les récits des Grecs & des Romains! Ils ver-
ront avec étonnement que leurs connoiſſances
étoient ſolides & étendues. Pour moi, encouragé
par l'accueil favorable dont on m'honore aujourd'hui, j'embraſſe ce travail avec zèle, & je
m'y dévoue. Puiſſe-t-il être agréable à cette ſavante Compagnie, qui, faiſant de la gloire des
Anciens ſon plus bel & ſon plus riche apanage,
emploie à la défendre tant de talents & de lumières ! Je n'ambitionne que cette flatteuſe ré-
compenſe.

RAPPORT *de MM. les Commiſſaires de l'Aca-*
démie des Sciences, ſur le Mémoire précédent.

L'ACADÉMIE nous a chargés, MM. Daubenton, Briſſon & moi, de lui rendre compte d'un
Mémoire de M. l'Abbé *Mongez*, ſur des Cygnes
chantants.

Le chant des cygnes, célébré par les Poëtes, a
été regardé, par la plupart des Savants, comme
une fable. M. l'Abbé Mongez a ſaiſi une occaſion

C

heureufe pour faire des recherches & fixer l'o-
pinion des Phyficiens à ce fujet.

Le Mémoire dans lequel il a expofé fes obfervations, contient un examen curieux des paffages
qui fe trouvent dans les divers Auteurs fur le
chant du cygne. Parmi ces différentes autorités,
une mérite fur-tout d'être rappellée à l'Académie:
c'eft celle de Wormius, qui a dit pofitivement
que plufieurs de fes Elèves avoient entendu les
cygnes réunis chanter d'une manière forte &
agréable en même temps.

Les Naturaliftes diftinguent deux cygnes; le
domeftique & le fauvage. Ce dernier, au rapport de Ray & de Willugbi, a une conformation particulière vers le bas de la trachée-artère,
qui s'enfonce dans la cavité du fternum avant de
pénétrer dans le thorax. Son bec a auffi un caractère qui lui eft propre; fa pointe eft noire,
& la peau qui recouvre fa bafe jufqu'à l'œil eft
très-jaune. Dans le cygne domeftique au contraire,
la bafe du bec eft recouverte jufqu'à l'œil d'une
peau noire, tandis que le refte du bec eft rougeâtre. Tous les deux font blancs, fuivant la defcription de plufieurs Naturaliftes (1), & le fauvage
eft plus petit que le domeftique.

---

(1) MM. Briffon & Edwards l'ont décrit comme tout-

[35]

Avant l'année 1769, plusieurs cygnes chantants s'étoient abattus & avoient été conservés à Chantilly. L'hiver rigoureux de cette année y en attira deux; l'un mâle, & l'autre femelle. On s'en empara; & depuis ce temps, ils ont été gardés & nourris avec soin. Ils ont fait deux couvées, l'une en 1779, l'autre en 1780; & ce sont eux que M. l'Abbé Mongez a observés, & dont il est question dans son Mémoire.

D'après la description qu'il fait de ces oiseaux, il paroît qu'on peut les regarder comme devant être rangés parmi les cygnes sauvages : ils ont comme eux le bec affilé, & la base du bec jaune; ils sont tout blancs comme le cygne domestique, ce qui s'accorde très-bien avec les observations d'Edwards & de l'un de nous (M. Brisson), qui ont décrit le cygne sauvage comme ayant toutes les plumes blanches (1). Les cygnes de la Ménagerie de Chantilly sont à la vérité plus gros & plus hauts que les cygnes sauvages décrits par les Auteurs : mais cette différence peut tenir à ce que les premiers étoient plus jeunes & moins formés.

à-fait blanc; Willugbi & Ray disent au contraire que le plumage du cygne sauvage est mêlé de gris.

(1) Ceux que Ray a vus de couleur grise étoient sans doute jeunes, & marquoient encore.

C 2

On fait que le cygne domeftique, pofé ou volant, ne fait entendre aucun cri ; il rend feulement
un fon étouffé, & auffi foible que le roucoulement des pigeons. Les cygnes fauvages au contraire ont une voix forte. Ray, Willugbi & plufieurs autres Naturaliftes en avoient fait la remarque. Ceux de Chantilly rendent, dans quelques occafions, un cri modulé, qui eft divifé en
deux temps, pendant lequel le mâle & la femelle
fe font entendre l'un après l'autre. La femelle
toutefois ne commence jamais , & ne chante
qu'après le mâle : mais elle répète alternativement
les mêmes fons, & ne lui cède en rien ; ce qui
eft très-remarquable, parce que la plupart des
femelles des oifeaux font muettes, ou chantent
moins bien que les mâles.

M. l'Abbé Arnaud, un des Députés de l'A-
cadémie des Infcriptions qui fe font tranfpor-
tés fur les lieux, a communiqué à l'un de nous
les réfultats fuivants de fes obfervations.

Lorfque le mâle & la femelle chantent : ils
font tournés l'un vers l'autre ; ils ne chantent jamais enfemble, mais dans des temps différents
& mefurés ; & celui qui chante , élève & dreffe
le col , tandis que l'autre le baiffe ; ce qui forme
un fpectacle affez fingulier.

M. l'Abbé Arnaud apprécie, de la manière
fuivante , les cris modulés de ces oifeaux.

Le mâle commence, & pousse un son qu'il rapporte au *si*. La femelle en produit ensuite un qui répond au *la* ; après quoi le mâle reprend, & son cri modulé s'étend du *la* au *si* avec un coulé. La femelle ensuite pousse un son, qui du *sol* dieze s'étend au *la*, aussi avec un coulé; & ils reprennent dans le même ordre, sans revenir toutefois aux deux sons simples du commencement. M. l'Abbé Arnaud remarque d'ailleurs qu'il est possible de noter avec précision le cri des cygnes, tandis que la modulation du chant de la plupart des autres oiseaux, telle que celle du rossignol, par exemple, n'est pas susceptible d'être rapportée aux notes qui sont en usage dans notre Musique.

La plupart (1) de ceux qui les ont entendus, conviennent que ce chant, si l'on peut lui donner ce nom, a quelque chose d'agréable, quoique très-fort, puisqu'il se fait entendre à plus d'une lieue de distance.

C'est le soir & le matin, sur-tout dans le printemps, saison de leurs amours; c'est lorsqu'ils sont affectés par quelques sensations extraordi-

---

(1) Le même M. l'Abbé Arnaud, cité ci-dessus, ne convient point que ces sons soient agréables; suivant lui, ils ne peuvent l'être que de loin.

naires, lorſqu'ils ont fait fuir ou battu quelques oiſeaux qu'on leur a préſentés ; c'eſt lorſque leurs petits ſont éclos, qu'on les entend pouſſer les ſons les plus forts & les plus ſoutenus. Ils étoient au commencement de la mue, lorſque M. l'Abbé Mongez les a examinés ; & leur voix, dans ce même temps, lui a paru agréable. « J'ai été ſur-
» pris, dit-il, ainſi que tous ceux qui étoient pré-
» ſents, de la douceur de ce cri modulé : ils
» font ſur-tout une grande pauſe ſur la dernière
» note ; & comme la femelle & le mâle ne com-
» mencent point enſemble, il en réſulte des
» nuances variées, lorſque pluſieurs cygnes chan-
» tants ſont réunis ».

M. l'Abbé Mongez préſume, avec raiſon, que la trachée-artère des cygnes chantants dont il parle, s'enfonce dans le ſternum, comme celle du cygne ſauvage ; & il a pris les précautions néceſſaires pour que les cygnes de la Ménagerie de Chantilly ſoient envoyés à l'Académie, lorſqu'ils ſeront morts.

M. l'Abbé Mongez recherche, à la fin de ſon Mémoire, quelle eſt la patrie que l'on peut aſſi-gner à ces cygnes, & il établit qu'ils habitent les pays ſeptentrionaux. Il ſe fonde dans cette con-jecture : 1°. ſur ce qu'il n'eſt pas probable que ces oiſeaux quittent un pays chaud pour ſe répandre dans des climats froids pendant l'hiver ; 2°. fur un paffage de M. de Troïl, qui, dans fes Livres fur l'Iflande, affure pofitivement que ces cygnes habitent cette Ifle ; qu'ils y pondent, & qu'ils la quittent pendant l'hiver.

L'Académie peut juger, par cet Extrait, du foin & de l'étendue avec lefquels M. l'Abbé Mongez a traité ce fujet très-curieux, parce qu'il intéreffe en même temps les Phyficiens & les Littérateurs.

Nous penfons que ce Mémoire eft digne de l'approbation de l'Académie, & d'être imprimé parmi ceux des Savants Etrangers.

Au Louvre, ce 6 Septembre 1782. Signés Daubenton, Brisson & Vicq-d'Azyr.